全台 20 大

美容美體 SPA 館

目　錄

推薦序

　　「沒有人有義務透過你邋塌的外表去了解你的靈魂。」這是最近的網路流行金句，而外表包含了髮型、服裝儀容等整體的外觀。

　　由於皮膚是人體最大的器官，因此皮膚的好壞代表的是一個人的質感，更能決定給人的第一印象，所以膚質真的是太重要了；而居家的肌膚護理往往有極限，許多皮膚問題也不是瓶瓶罐罐可以處理的，因此在意自己膚況的人幾乎都會選擇借助美容美體沙龍的保養課程來維持。雖然醫美保養盛行，但是經營良好的美容沙龍依然預約爆滿、人氣店家甚至出現數個月都無法釋出預約空檔的情況。

從業數十年的我，確信這都是因為「美容師的雙手，是讓人身心都容光煥發的魔法之手。」每一次課程的用心服務、由衷的關心顧客情況，甚至去聆聽他們生活上的大小事，許多美容師就這樣一年一年的陪著每一位到來的顧客走過人生各種不同的階段，人與人之間的溫度終究無法被儀器所取代。

　　《全台 20 大美容美體 SPA 館》，摘錄了 20 家全台人氣美容美體 SPA 品牌的創業故事，從中我們能明白，這些美容師是如何用雙手呵護、照顧人們，在每座城市中創造無可取代的身心靈花園。

台中市指甲彩繪睫毛產業工會理事長
傅雪華

序

　　自古以來，不論是東方亦或西方，人類對於自我形象與美的
意識，皆隨著環境的變遷和社會的演進，而有千變萬化的精采
發展；又如神秘的古埃及文明，當時的貴族運用植物與奶類，
引領研發出一系列美容及養生的療法，代代傳承並深遠地影響
著周邊地區的生活文化。

　　數千年過去，這些被珍藏在時光裡的美麗哲學，有些隨著時
空變化流逝而去，有些則透過經驗傳承為現代的我們所體驗、
沉浸與享受。相較於前人，如今的你我著實更加幸運，除了掌
握美的知識、技法和工具都遠比從前先進之外，最重要的是，
現代社會對於美的思維及專業都更願意給予一定程度上的重
視，我們因而有機會，去聆聽、記錄和呈現這些獨家故事。

　　《全台 20 大美容美體 SPA 館》，透過 20 個美容美體品牌、
20 位玩美職人，帶你深入一個充滿質感、價值及挑戰的美麗新
世界，看見創業歷程中那些閃耀著的熱忱與信念。

以利文化總編輯 呂悅靈

妘沂美容美身館

YUN YI SPA

各種問題肌膚調理養護專家

讓美容美體
帶來療癒的可能

台中市西屯區的「妘沂美容美身館」創辦人劉容榕，是各類問題肌膚調理養護專家及全身性芳香療法美身排鬱師，已有十六年美容美體的專業經驗，她療癒人心的精湛技術加上待客如親的態度，在台中的美容美體市場中，注入一股新的療癒力量。

她致力於提供顧客從頭到腳的寵愛呵護，從事美業以來關於美的一切，劉容榕從不缺席，出國進修、比賽教學，甚至擔任台灣區的美業評審代表。學習最專業頂尖的技術，並不斷尋找業界最有效的科技瞬效優質產品與儀器，為顧客量身打造最有效的課程。

各種嚴重肌膚問題調理養護專家：
從零開始，奠定深厚基本功

　　容榕踏入美容美體產業的契機，要從十五歲國中時在輔導教室外，看到的一張精美 DM 說起，內容是關於教育部的建教合作班計劃，上面說明，建教合作能幫助學生習得一技之長還能提供工作津貼與宿舍。容榕說：「我當時看了那張傳單覺得非常心動，因為家裡總共有三個小孩，如果自己高中沒能考上公立學校，私立學校學費非常昂貴，將給爸爸媽媽帶來很大的經濟負擔。因此，若能參加建教合作班計劃，父母不僅不用負擔高額的學費，每月還有七千元薪水，就這樣，國中畢業後我選擇了美容科，成為建教生，踏入美容美體領域。」

　　教育部的「建教合作班計劃」是學校透過與建教機構合作，提供建教生職前訓練，讓學生能獲得相關職業科別的基本技能、職業安全衛生、職業倫理道德及勞動權益等相關知能。容榕從高中開始半工半讀，除了在校學習美容相關的知識外，也能在店家學習，獲得更多的美容美體經驗，奠定深厚的基礎。

　　2002 年容榕在台北某知名頂級美容美體沙龍工作，主要服務對象為明星、貴婦、名媛等金字塔頂端客層，光是 15 分鐘的浴療課程就要價七千元，一瓶精油也是要價好幾萬，店內從美容助理到美容師，必須經過相當嚴格的考核與技術篩選。服務項目從美容美體、芳香療法、專業彩妝、瘦身美胸等等，以及衛生打掃、清潔消毒都非常要求，當時公司內部衛生稽查，若被發現有一根頭髮就會被扣五十元薪資累計。

　　容榕笑說，當時所謂的「宿舍」，其實就是睡在店裡的美容床，學習過程中，也沒有原本想像得輕鬆，上班時間除了吃飯可以休息，一整天完全沒有停止練習、每天服務五至六個客人，當時參與計劃的學生約有七十人，到

圖｜女神製造機「妘沂美容美身館」創辦人劉容榕。幫助人變的更美更健康是容榕從事美容業最大的使命及成就感
圖｜在美業已有十六年經歷的容榕，總將顧客的需求擺在首位，在教學或擔任台灣區美業評鑑代表也不遺餘力

最後只有個位數的學生完成計劃。後來容榕也待過大型連鎖店家、工作室、醫學美容診所、私人會館，但她發現，店家有時會無所不用其極，使用不當手法取得銷售業績，這讓她開始反思，工作本應以此為榮、以此為樂，但卻產生不少矛盾與衝突，她想：「如果消費者已經購買適合的療程和產品，為什麼還要不停強迫顧客，再購買他們不真正需要的產品和服務呢？這樣做真的正確嗎？」

另外，美容師之間為了業績，也常常出現勾心鬥角、摩擦及感情紛爭。原本公司可以像個大家庭，卻因惡性競爭改變原來的初衷，這令容榕非常難過，因此一度灰心轉職。容榕表示：「我希望工作能讓人感到開心，也讓自己安心，我無法將客戶需求置之不理，只是一味地銷售產品達成業績。」因為見識過強迫推銷為客戶帶來的困擾，容榕創業後，也將她在實習時的感受，轉化為「站在客戶立場著想」的經營思維，不以賺錢為導向，希望能提供適合顧客需求的服務，照顧顧客的皮膚與身體健康。

國中畢業後容榕在跌跌撞撞下，開始學著專業彩妝、美容芳療和美胸塑身的全美學相關知識。容榕對於工作總是懷抱熱忱與喜樂，「即使工作充滿挑戰，我也從來不覺得辛苦，感謝上天賦予自己這樣的技能與機會，能為他人服務是我的榮幸。」在實習過程中，容榕獲得不少寶貴的學習經驗，成為她未來的養分。

圖｜妘沂美容美身館輕奢簡約明亮的空間，帶著浪漫的歐式宮廷設計風格，獨立式有隱私的 VIP 房間，宛如一個溫馨舒適的家，讓顧客一次次享受與美麗有約的饗宴

台中做臉推薦首選，難纏問題肌膚明顯有效改善

　　妘沂美容美身館最令顧客讚賞的是：高超技巧的做臉護膚、獨家微創口技術、低疼微感手法處理粉刺，特殊的技術，使得做臉時就像添加了免流淚的配方，甚至很多人在清粉刺痘痘、處理面皰、肉芽、脂肪球、皺紋、酒糟、敏感、乾燥、暗沉、斑點、凹洞疤印等各種問題肌膚都能邊休息睡覺。容榕擅長處理特殊嚴重的皮膚問題，很多客人在皮膚科無法解決的問題，最後卻在妘沂找出原因並且有效改善。

　　店內購置兩台膚質檢測儀，能專業判斷顧客膚況並測量膚質。蟎蟲是皮膚寄生蟲的一種，因為皮膚過油的關係，蟎蟲會在臉上大量孳生，讓肌膚看起來紅、癢、脫屑，

圖｜謹慎挑選店內產品，絕不使用來歷不明、標示不實、魚目混珠的產品。產品自原料到包裝皆為美國、法國、德國、義大利等國家原裝進口，通過國際認證、人體測試、動物實驗，打造有效安全健康無憂的完美無瑕肌膚。妘沂的專屬產品皆有身分履歷也通過 PIF 多項檢驗認證，亦如歐盟化妝品註冊的高標準規格，包含安全性測試、有效性測試、每個成分的來源、包裝的材質等，都有詳盡的說明與證明，還有歐洲的毒物學專家背書

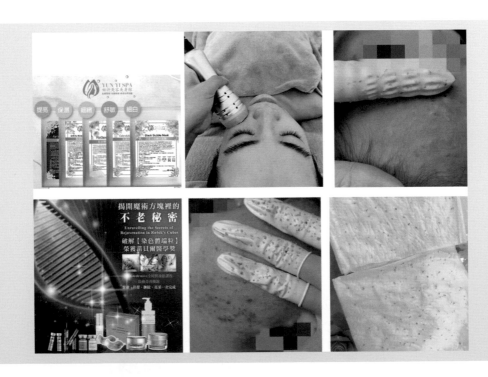

許多人不知道原來自己的痘痘問題，其實是因為大量的蟎蟲在臉上作怪，才會在使用各種保養品和藥物後，仍舊沒有任何改善跡象。一般皮膚科蟎蟲檢測費用是三百元至五百元不等，但在妘沂蟎蟲檢測是完全免費。

「一般來說，我會為首次來店裡的客戶檢視肌膚問題，再依照他們的需求規劃課程，有些人因為不知道怎麼保養和清潔，看了不少皮膚科、花了不少冤枉錢，到我這裡才發現根治肌膚問題的方法。曾經有個有痘痘問題的客人，嘗試吃中藥調身體也看過西醫、雷射，但卻沒有好轉，在妘沂體驗幾次療程並請我幫忙搭配挑選適合的護膚產品後，肌膚就大有改善。」容榕表示，有些人去皮膚科看診，醫生會開修復功能的凝膠、A酸或A醇的藥物，抑或是幫病患打痘痘針，但打痘痘針皮膚可能會有硬化的問題，A酸或A醇則可能讓皮膚薄的人變成敏感肌，這都無法從根本解決痘痘問題，還會造成停藥後復發的惡性循環。為了對付難纏的肌膚問題，容榕會

圖左上｜有別於傳統式做臉的清粉刺手法，不硬擠、不硬壓、不留痕跡，更絕不強迫推銷課程產品
圖左下｜全臉手工地毯式搜索清粉刺，通常經過數次課程，肌膚狀況就會大為改善，此案例為使用第一次課程修護
圖右上｜量膚訂製、對症下藥各種擾人的凹洞痘疤、粗大毛孔、粉刺痘痘、乾燥敏感、膚色不均、色斑暗沈等皮膚問題
圖右下｜臉部課程總達90幾種，針對不同膚質，課程皆屬客製化，適時調整保養的程序、品項

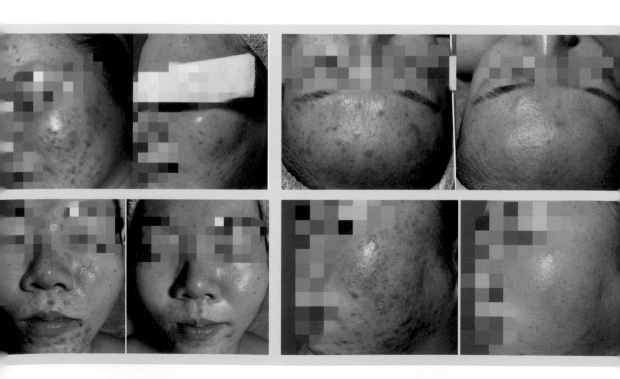

幫這類型的客人處理內包粉刺和痘痘，並量膚訂製專屬課程，讓肌膚逐漸康復。容榕在他多年的工作經驗中，也看過有些顧客因為使用網美或藝人推薦的產品，卻造成皮膚灼傷、痘痘問題，「適合別人的產品，不一定真正適合自己，有些產品使用後更要注意防曬，如果沒有做好反而得不償失。」容榕也提醒，許多產品及肌膚問題都需要美容師專業判斷，經由專業處理，肌膚問題也會有所改善；更重要的是，肌膚問題需要長期抗戰，顧客需定期回訪並做好日常保養，才能讓肌膚維持在健康的狀態。

容榕過去也曾受痘痘困擾，因此希望以自身的專業，持續傳遞這一份美好與希望，「謝謝上天給了一雙如魔法般的雙手，讓我能啟動地毯式搜索，一步步揪出惱人的皮膚問題。」由於自己也曾受痘痘肌膚所苦，容榕比起任何人，更能體會客戶皮膚不好時的狀態跟心情。曾經有個顧客用了家人贈送的產品，皮膚卻在半夜大過敏，她二話不說衝到顧客家中，立刻幫她解決皮膚狀況，實在非常用心也讓客戶相當感動。延續誠信品牌傳承，五星級別的禮賓服務，以專業手技及最新儀器操作，結合領先高科技代表的保養品和全世界最大理療等級精油。不計算成本、不以營利為目的，以平實優惠的價格回饋每一位信任妠沂美容美身館的顧客，讓人人都能真正變身為貴婦，享受專屬定制的精緻課程。在變漂亮健康的同時也幫助顧客兼顧荷包，更以「只做有效果的課程、不強迫推銷」為經營理念，尊寵客戶的服務、真正將消費者擺在第一。十多年來的經營，實際首重服務品質的努力耕耘至今，已獲得在地顧客大力的好評與支持。

容榕笑說：「就是因為太熱愛工作，很感謝每一位客人朋友多年來的支持與信任，也覺得工作中的每一分鐘都非常開心，感謝神讓自己有這份能力幫助別人、改善別人眼中絕望的皮膚問題，讓他人變漂亮、快樂，甚至還有再去愛的勇氣。」待客如親的容榕將每張臉都當作自己的臉，每個問題就是自己的問題，不厭其煩找出原因，對症下藥根除各項嚴重肌膚問題，讓很多客戶一試成主顧、口耳相傳。容榕表示自己最心疼顧客因為皮膚問題沮喪無助，但也相當開心顧客能因妠沂的服務變得美麗且自信。

圖左上｜選用頂級高規專利成分、國際認證標章、SGS 檢驗合格、USDA/ECO 有機認證、GMP/ISO 認證、PIF 認證的產品。其中更有八大產品獲得德國杜大萊茵檢驗認證，並在義大利參賽獲得多項專利成分及榮獲諾貝爾醫學獎
圖右、下｜低廉價格只能留住顧客一時，專業技術才是顧客真正需要的，用高品質及效果回饋給每一位交付自己的忠實顧客們

孕婦 spa 舒緩按摩與產後的泌乳美胸、窈窕精雕推脂

　　除了擅長處理痘疤、凹洞、斑點、敏感性問題外，妘沂美容美身館也提供霧眉、角蛋白、除毛、美牙、全身 spa、儀器手工體刷推脂；術前術後、產前產後的豐盈美胸按摩、孕婦芳療、提拉塑小臉等課程。許多孕婦媽咪隨著懷孕週數增加，可能會經歷各種孕期不適，像是孕吐、腰痠背痛、腿腫腳脹和排便不順等問題，除了運動能協助改善，懷孕按摩也有助於減緩不適。

　　有些孕婦媽咪對懷孕按摩抱持懷疑態度，認為按摩可能影響胎兒健康，但是孕期按摩力道和按摩區域其實跟一般按摩有所差異，只要遵守注意事項，懷孕按摩不僅沒問題，也能幫助媽媽們放鬆身心。研究指出，懷孕按摩能夠有效提高血清素和多巴胺的分泌量，一掃媽媽們的壞心情，同時降低俗稱「壓力荷爾蒙」的皮質醇濃度。

　　為了讓更多孕婦媽咪能愉快地度過懷孕時期，並幫助因懷孕受到焦慮和疼痛，而影響睡眠品質的媽咪們，容榕特別規劃孕婦 spa 課程。此外，許多媽咪也因產後乳腺阻塞、胸部脹痛的問題而無法順利哺餵母奶，即使求助醫院仍相當有限，許多媽咪會尋找「泌乳師」，舒緩乳房腫脹疼痛，但她們不知道的是，其實泌乳師提供的服務，妘沂的泌乳按摩也能達到同樣功效，尤其有些泌乳師和月子中心配合收費相當高昂，在妘沂則能以優惠價格，獲得同樣的按摩舒緩。

　　容榕表示：「有些媽媽以為產後乳腺阻塞問題，一定要找泌乳師處理，但其實不少美容美體機構也有做胸部按摩療程，幫助媽咪解決產後胸部不適的問題。」

妘沂量身調和專屬您的芳香精油課程：
深度撥筋按摩，更協助顧客找尋導致壓力和緊繃的原因

　　由於現代社會步調快速，許多人都生活在充滿壓力的環境中，導致疲倦、情緒低落和睡眠障礙等問題，有時問題變得嚴重，還會影響工作表現與人際關係。為了幫助更多人減緩忙碌生活和壓力帶來的緊張感，妘沂推出耳燭釋壓、腸胃子宮保健和芳香精油課程，特製調配專屬精油。

　　耳燭所產生的微熱感覺，能有效幫助頭顱的循環，減緩人們長期因為工作帶來的頭部與面部緊張感，活絡筋絡並帶動頭面部循環，許多嘗試過耳燭的顧客都表示，

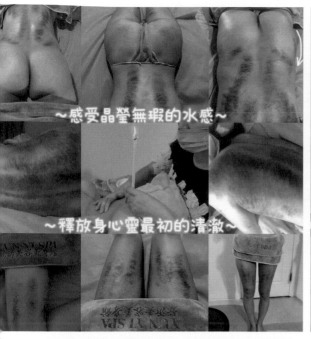

～感受晶瑩無瑕的水感～

～釋放身心靈最初的清澈～

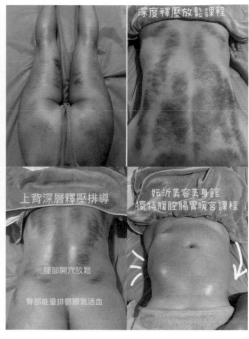

深度釋壓放鬆課程

上背深層釋壓排導

妘沂美容美身館
腸胃特腹腔腸胃暖宮課程

腰部開穴放鬆

臀部能量排鬱順氣活血

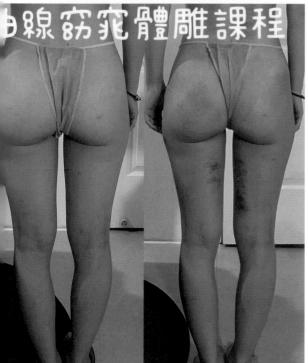

曲線窈窕體雕課程

粉刺·痘疤·痘疹·凹洞·皺紋·斑點　新娘子婚前速效課程　哺乳術後按摩
各類型皮膚保養護膚中心　醫學美容術後保養　抽脂術後推脂

孕媽媽咪寶寶SPA課程　全身深度花精按摩釋壓　豐盈美胸課程
產後泌乳腺課程　頭部耳穴耳燭淨化SPA　腸胃腹腔香脂暖宮

曲線窈窕輕盈健康體雕　眉型設計調整修眉　全身專業美學沙龍
撥筋·刮砂·拔罐·艾灸　半永久眉眼唇紋繡　獨家技術教學培訓
全身無痛刷毛　法式角蛋白美睫　專利進口產品代理

♣感受晶瑩無瑕的水感　釋放身心靈最初的清澈♣
♣妘沂美容美身館　專屬SPA館♣

圖上│除了擅長處理痘疤、凹洞、斑點、敏感性問題，妘沂也提供全身除毛、角蛋白美睫、美牙、塑小臉、體刷瘦身、美胸、腹燭、足部浴療、紋繡等等課程

圖下│適時調整力道與手法，依照不同的肌力與脂肪狀況選擇不同的儀器與程式，達到更深層次效果，也大幅度減少塑身時的疼痛感

耳燭能有效舒緩頸部疲勞，甚至能調節身體體質放鬆身心，而耳燭燒出來的物質是因為呼吸道感染或不暢通，所產生的鼻涕、分泌物等等。

另外，由於生活壓力的影響，許多女性也有便祕困擾，腸道被稱為人體的「第二大腦」，是重要的免疫器官之一，腸胃問題不僅帶來疼痛，還會影響肌膚狀況長出惱人痘痘。為了幫助腸胃問題較多的顧客，容榕推出腸胃、腹腔和子宮等按摩療程，減緩胃痛、脹氣、經痛等問題帶來的不適；除此之外，容榕也會陪伴顧客檢視並一一找出問題背後的真正原因，「有個客人因為生活和工作壓力，身體長期相當緊繃常常需要照胃鏡，我認為除了按摩外，也需要幫助顧客找到導致身體緊繃的原因，才能從根本上解決問題，不然按摩結束後沒多久，身體緊繃感又會再度找上門。」幾次聊天之後，容榕發現這名客人因為對於任何事都過於要求完美、太有責任感，導致他常常思考過多而造成失眠，進而影響腸胃健康，因此在療程後，容榕也會針對自己的觀察和顧客討論並給予建議，還特別調製搭配專屬精油，希望能幫助顧客在忙碌的生活中慢下腳步。

圖｜容榕在代理引進一系列最新美容美體儀器及技術前，會直接飛往當地與歐美研發部同步視訊上課，通過多項嚴格的考核後才得以操作課程

　　在國外芳香治療師等同於醫師，人們不舒服的時候，未必會找醫師反而會尋求芳香治療師的協助；芳療相似中國的中醫學，運用藥草配方好比本草綱目，透過精油產生對症下藥的作用。全身痠痛、肌肉緊繃是現代人的文明病，透過全身經絡穴道按摩，淋巴循環按摩促進液循環活絡氣血，釋放全身氣節阻塞及壓力，並恢復窈窕迷人線條。容榕表示，除了控制飲食規律運動外，下半身按摩護理也非常重要，透過精油按摩，運用手部力道按、推、壓，能活絡下半身經絡，緩解水腫、預防脂肪堆積。針對橘皮組織和多餘的脂肪堆積或水腫現象，妘沂美容美身館也分別依照每個人的狀況，運用手工推脂再搭配強力科技美體儀器程式加強身體代謝循環，首次操作下就會有明顯差異。另外，按摩也能打通循環、放鬆臉部肌肉，並疏通筋結氣阻，促進臉部和眼睛周圍的血液循環，讓肌膚恢復光澤與彈性，幫助保養品更快吸收、打造童顏美肌，容榕表示：「只要把握關鍵，找到了解自己身體狀況的芳療美體師，美麗真的不是夢想。」

圖｜容榕曾受聘擔任 IDR 時尚藝術周紋繡大賽評判長、全國美容皮膚管理大賽評判長、韓國 IBDR 香港國際大賽皮膚管理評審評委長；且曾榮獲全國美容傑出代表、2018 時尚美妝傑出代表、美國密西根 MNS 國際菁英美業技能之光、中國半永久定妝美業協會認證、國際漢方芳療學院認證、中華本草芳香保健協會認證、德國明星皓齒國際美牙技術認證、角蛋白雙效美睫延長技術認證、國際醫美協會認證皮膚管理師、國際健康產業整體芳療師、六和美幫全國美業金牌講師、全國美業傑出紋繡師、全國美業行業創新獎、全國美業誠信單位獎等認證資格與獎項

忙碌之餘，到世界各地持續進修

　　義大利博洛尼亞美容博覽會 (Cosmoprof Worldwide Bologna) 是全球美容品牌第一展，成立於 1967 年，來自世界各地 70 幾個國家，已經成為全世界最受關注的展會，是全球美容界的一大盛事。由 BolognaFiere Group 主辦，該系列國際美容博覽會展每年舉辦三場，分別在義大利博洛尼亞、美國拉斯維加斯和中國香港舉辦。而中國也正吸納各個國家和地區的文化與技術，取得顯著的進步，這也促使中國的美容市場走向國際專業化。

　　而關於美的一切容榕很感興趣不曾缺席，多年來也不斷學習最頂尖的技術、不斷尋找業界科技瞬效最優質的產品與儀器為顧客量身打造最有效的課程。

　　容榕也曾到過義大利、北京、上海、重慶、蘇州、無錫、海南島等地參加專業進修、教學指導、頒獎授獎，以及擔任台灣區美業代表評審長。中國的學習經驗讓容榕大開眼界：「談到中國大陸的美容美體，對我而言，我在中國進修時真的收穫良多。」令容榕最難忘的是曾到中國上海的醫院學習當地的「子宮產後盆底肌修復手法」及「德國明星皓齒美牙技術」，那門課示範的院長戴著手套，伸進女性的身體裡，示範如何按摩及修復女性子宮產後盆底肌，台灣很難看見類似的課程，這讓容榕倍感震撼。懷孕對女性的盆底肌影響很大，盆底肌損傷初期的表現是陰道鬆弛、頻尿；嚴重時則會有尿失禁、子宮脫垂的情況，因此在中國，許多女性都會在產後嘗試盆底肌修復的按摩手法，增加盆底肌的強度和支持力，促進血液循環、恢復肌肉彈性，目前這樣的手法在台灣仍非常罕見。

　　容榕在中國頻繁學習後，她觀察到中國因為幅員遼闊、人口眾多，所以在教學上老師總是傾囊相授，讓她獲益良多。除此之外，她也發現中國的醫學美容產業存在不少密醫問題，因此有時顧客與她聊起中國美容時，她也能根據親眼所見，給予顧客安全上的建議。

圖上｜容榕曾到過北京、上海、蘇州、重慶、無錫、海南島等地參加專業進修
圖下｜容榕積極到世界各地參展，義大利博洛尼亞美容展 (Cosmoprof Worldwide Bologna)、中國博覽會（上海 CBE），皆有她的足跡

創業之前，最重要的是優化技術

隨著人們對美的追求與質感提升，越來越多人因看到蓬勃的市場，而希望投入經營美業。對於想要從事美業的人，容榕認為初期若能先在店家累積經驗，是件很棒的事情，不需要急於尋找店面、花費上百萬投入裝潢，開始創業。

即使許多人認為美業就業環境不是那麼友善，工時高又辛苦，但容榕認為，如果以正面的角度來看，被店家雇用不僅不需要付出成本，和冒著創業失敗的風險，還能從中學習到各種經驗，其實好處不少；再者，容榕認為如果初期對薪資和工作條件福利不滿意，美容師要用心工作考核，同時好好地培養自己的技術，並與老闆溝通，相信有機會取得更符合自己心意的薪水與福利。

容榕表示：「以美容美體產業來說，創業初期因為需要裝潢店面、採購設備與器材，並留有一些資金做預備，大概需要兩百萬作為周轉金。創業者開店後，從收垃圾、撣灰塵、提供服務到送客人離開，都需親力親為，真的沒有想像中那麼容易。」另外，容榕也提醒想要創業的朋友，初期學習時應該將重心放在精進技術、穩紮穩打，並瞭解每一個人都有不同肌膚的問題與解決方法，需要時間經驗用心去慢慢累積而成，不要急著創業賺錢。

容榕曾看過顧客因為網路廣告去到新開業的店家消費，但美容師因為初出茅廬，盜圖修圖招攬客人、判斷錯客人的膚質，誤用酸類和藻針等產品更以低廉炭粉魚目混珠混合做低價藻針課程，在進行臉部護理時不僅讓顧客非常疼痛，甚至沒有將粉刺問題清除乾淨，痘痘包住壞血，仍舊在皮膚底層發炎，後續產生更多的問題。看過這些案例後，容榕對於顧客的體驗相當心疼，容榕強調，如果只是上了幾堂課程就開業真的不恰當，因為每個人的皮膚狀況都不同，同一項產品用在 A 顧客身上沒問題，但用在 B 顧客身上可能並不合適，這都是資淺的美容師很難預期並掌控的狀況，「我建議大家要有十足把握再創業，不要把客人皮膚當成實驗品，這樣不僅會毀壞聲譽，後續一連串的問題也會讓顧客非常難過。」容榕說道。

圖｜取之於社會用之於社會，以平實優惠的價格導向，只為給信任妘沂美容美身館的客戶，有一個變美且不用花大錢的享受機會

基督信仰，相信凡事皆有神的帶領

　　容榕認為自己創業以來都相當順利，或許和她幾年前接觸基督信仰有關，她感謝神讓自己重生，透過學習聖經，相信有神的帶領，讓她對於任何事情都不再感到害怕，也有更多正面思考。她深深相信《聖經》中所言：「在耶和華豈有難成的事？」只要願意相信真理，沒有任何事情是難成的。在台灣疫情爆發之際，許多店家相當擔心影響生意、整個社會都人心惶惶，但容榕仍保持堅定的信心，她相信倚靠神，不僅能讓內心更加平安，碰到困難也無所畏懼。

　　因為容榕總是將顧客需求擺在首位，容榕說要走的長久就是要不斷的將自己的狀態體能調整好，以人為本、不忘初心以誠信為原則、不斷學習，才能帶給客戶最好的服務。容榕非常感謝客戶們多年來的支持，每份肯定都是讓自己不斷向前的動力，因為自己對這份工作有很大的熱愛，每位客人也就像她的家人一樣，來到這就像回到家一樣放鬆。而在工作上她堅持強迫症、吹毛求疵的風格，時時要求自己維持好每一次的品質，有些店家在顧客購買課程後服務品質就大幅度下降、不在乎客人真正的感受，也常常聽客人抱怨買了課程產品，店家突然人去樓空捲款而走。容榕認為在妘沂美容美身館裡面的每位客人都是她的招牌，客人想要怎麼樣的服務她就會相對以待，珍惜疼惜。她表示：「我一直在學習將工作和生活達到平衡，尤其美容本身是一個需要體力也相當講究服務的工作。」最後，容榕提醒，有心從事美容美體產業的人，要認知到這份工作不是賺錢，從業者必須有服務的熱忱，才能在工作過程中獲得顧客正面的反饋，自己也才能有所受益。未來她期待能找到更多理念相同的工作夥伴一起工作成長、相互學習，幫助更多需要美容美體服務的顧客，為他們的生命帶來更多療癒的可能。

經營者語錄

來妘沂美容美身館遇見最美好的自己，
一次保養是驚艷，定期保養是蛻變；
好好愛自己，做一個自己都喜歡的人，
才會更有能力去愛別人，
也讓愛您的人和您愛的人都更加倍愛您。

妘沂美容美身館
各種問題肌膚調理養護專家
YUN YI SPA

店家地址
台中市西屯區西屯路二段 32-14 號 1 樓

聯絡電話
0989 051 599

Facebook

Instagram

Google map

Line

官方網站

米 可 MECO SPA

> 每個客人都像
> 手中的花朵一樣，
> 由我親自細心呵護，
> 讓妳們綻放每一刻的
> 光彩與美麗

十多年的芳療師資歷，帶給米可 meco spa（以下簡稱米可）創辦人凱厤（ㄌㄧˋ）最深的體悟：「時間就是金錢」。過往消費者按摩都覺得找便宜的就好，而自己踩了幾次雷，發現賠了身體又傷荷包，才明白自己的時間比課程定價來得更珍貴。與其找便宜的店家，不如用對時間，找合適的店家消費，因此，凱厤決心將所學，再細化研發出有效果的課程，來滿足每一個顧客的身體需求。

凱厤的起點，從訓練嚴謹的 spa 業龍頭學習開始，她在現場服務時，會仔細地去觀察每位客人的需求與狀況，勤於學習的她，點滿自己的技能值，在醫美術後按摩、臉部美容、身體 spa 按摩、精油芳療生活應用、耳燭療法、孕婦淋巴按摩、熱蠟除毛、課程教學等領域均有豐富實戰經驗。她的夢想就是幫助各年齡層、各種需求的女孩們讓自已未來的每一刻，發光、發亮，迷人、出眾！

望、聞、問、切，效法醫者仁心的專業精神

　　幾十年來台灣美容行業的市場飽和程度、競爭激烈程度有增無減，這對於美業人員來說，已是無須多言的「現實」，消費者在選擇美容師或按摩師的時候，考量抉擇的面向也包括：網紅推薦、評價、地點、價格等五花八門的變因，但在各美業相關的社群媒體、討論區版面上，卻甚少有人著墨討論美容按摩師的年資與經驗。「美容按摩師擁有三年、五年或者十年以上的資歷，可能不會是消費者最在意的事情，因為消費者注重的是過程跟體驗；但是對於從業人員來說，經驗值是我們能否提供良好體驗的關鍵因素，其中最大的差異在於觀察及判斷力。」凱厤表示。

　　中醫的醫理之道講究「望、聞、問、切」，患者求診時，醫生會觀察患者的精神與氣色，聽病人說話並詢問症狀發展，並把脈、觸按相關部位以掌握進一步的線索。「無論是醫美術後按摩、芳療按摩或是耳燭療法、熱蠟除毛等，在諮詢的過程中，有經驗的按摩師一樣會應用中醫的望、聞、問、切流程原理，來掌握客人的狀態，並規劃適合的服務內容。」

　　凱厤在面對客人的心情亦是如此，醫生在治療患者的過程中必須秉持仁善之心，思考對患者最有利、有效的治療方式。而作為資深芳療師及教學老師的凱厤更是了解：「客人付出金錢與時間，是要得到『具體、有感』的效果！而不是一兩個小時過去了，好像狀態有改善、但又似有若無的成果。」她強調：「美業人員最核心的優勢就是臨場經驗，通常在諮詢的環節當中，我就可以從客人談話的內容、身型狀態、氣色等初步去判斷她的需求，以及是什麼樣的原因，造成她現在的狀況；接下來，在按摩施作的環節中，就是用觸摸、按壓的方式，來判斷哪邊的術後部位特別需要推開，或是哪個部位的經絡特別緊繃，需要多加處理。」

　　這樣的核心優勢，源於凱厤用時間和經驗累積出來、無法複製的臨場經驗，而就算把這些經驗鉅細靡遺的寫成一套講義或教科書，新手看完也只能知曉概念，是沒辦法直接複製在自己服務環節當中的「黃金經驗值」。

圖｜米可 meco spa 創辦人凱厤

創業的前置準備：點點滴滴練就真功夫

「雖然曾因為職業倦怠，短暫離開過美容業一段時間，選擇去擔任行政的工作，但回想起來，我很慶幸自己有花時間認真去學習這些技能，坦白說，行政職務取代性真的很高，我本身對美業非常熱愛及熱衷，雖然辛苦但有成就感，因此離開一般人嚮往、家長喜歡的行政工作頭銜，往充滿挑戰與成就感的美業前進。」

凱麻表示：「相較於按摩師、美容師；芳療師的工作內容其實更為全面，包含美容美膚、經絡按摩、身心療癒、精油選用、熱蠟除毛等，每一個領域都有學不完的知識。」於企業體系內任職的日子，她在豐富的實作、追業績的高壓中，累積了成千上萬的美容臨床經驗，這些經驗也成為別人帶不走的寶貴黃金資產。

凱麻很早就認知到，將技能值點滿，才能在競爭激烈的美容業中站穩一席之地。「於是，在 spa 企業體系任職十年之後，我選擇轉戰醫美診所，擔任術後保養按摩師跟醫美諮詢人員；也是在那段時期之後，我接觸到了醫美術後按摩、乳癌重建手術術後按摩及泌乳按摩等不同於純美容按摩的領域，在醫美診所接觸到的術後客人需求類型，跟在沙龍接觸到的類型也大不相同。」

凱麻指出，回顧這十幾年的美容服務經歷，她認為，當初選擇進入訓練體系嚴謹的 spa 業龍頭，從零開始學習，無疑是個正確的選擇。在企業體系店內任職需要排班、工時長、也肩負著業績壓力。「我曾面對過的成千上萬的客人，他們就是我最好的教科書跟老師。我在當時用時間換取『黃金經驗值』，接受了一整套完整的訓練，從皮膚構造、人體經絡及肌肉位置分布到各種按摩手法、精油用法等，每個芳療師都要通過層層考核，才能現場服務客人。」在沙龍體系嚴格的要求訓練過程中，原本只抱著想學一技之長念頭，而加入美業行列的凱麻，也開始對醫美術後、熱蠟除毛、精油芳療等領域越來越有興趣。

「站在消費者的角度思考，如果客戶體驗完感覺不到這個療程有什麼特別與效果，定價再便宜，她們也不會再回來消費。所以，有了先前十多年所累積的經驗，我熟知人體的肌肉結構分布，以及針對各種膚況的處置手法，這些基礎知識讓我在學習術後按摩時，不但能快速融會貫通，還能在練習當中摸索並創造出自己的獨門手法。」

　　而芳療老師創造獨門手法的重要性何在？凱厥表示，以前身為受雇的美容芳療按摩師，客人會因公司品牌的名氣而來，不需擔心來客量這種事情，「但是自己開業，要開發新客戶並留住他們，必須要在客人首次體驗的時候，就讓他確實感受到效果，理解什麼叫做『有感按摩』，且願意繼續前來並推薦親友來給我服務。」凱厥認為，這一路上每個階段的學習歷程，都是無可取代的。

圖｜所有身體相關的按摩手法都是凱厥擅長的領域，包括使用三叉工具來舒緩肌肉緊繃的皇后瑪莎拉蒂按摩項目

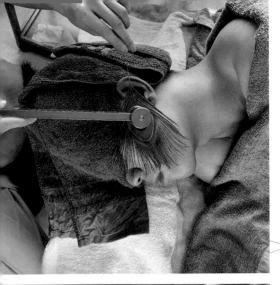

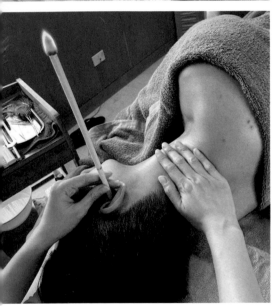

Q

米可 spa 的
主要服務項目為何？

　　米可的服務項目涵蓋「隆乳術後按摩」、「抽脂術後按摩」、「身體經絡按摩」、「臉部肌膚管理」、「精油芳香療法」、「孕婦淋巴按摩」、「產後子宮回歸按摩」、「頭部 spa 按摩」、「耳燭療法」、「熱蠟除毛」、「全身去角質」等項目。

　　其中術後按摩又可分為四大類：一、隆乳術後按摩；二、抽脂術後按摩；三、乳癌重建手術術後按摩；四、微整術後按摩。

　　隨著醫美進步及普及化，很多顧客在術後不知道要如何照顧、也不清楚哪種按摩合適，更不知道去哪裡找經驗豐富的店家，因此米可 spa 把主力放在市面上較為稀缺的術後按摩項目，基本上所有跟身體按摩相關的項目都是我的服務專長。

圖｜除了肌膚管理、術後按摩、美體紓壓等，米可也提供能改善呼吸道暢通程度、預防過敏的耳燭課程

Q 術後按摩的重要性以及適用對象？

這幾年來女性對於追求自身美貌，標準越來越精確而嚴格，即便是二十出頭的年輕女孩，也已經開始前往醫美診所做簡單的微整以維持肌膚的凍齡狀態。我建議，有接受微整療程或醫美手術的消費者，都可以透過各種管道去尋找自己信賴的術後按摩師及店家，為了追求符合自己期望的醫美效果，術後按摩會是其中一個極為關鍵且不可或缺的環節之一。

抽脂術後按摩的重要性

抽脂是一種侵入性的醫美手術，術後細胞會經歷一個被破壞後再重建的過程，硬塊的形成則是重建過程中會發生的現象，因此需要接受術後按摩，讓術後的線條平整，阻止硬塊及凹凸不平的狀況產生。通常消費者指定的抽脂部位以大腿、肚子、臀部外側的馬鞍肉為大宗，原因無他：每個愛美的女性都希望自己身材纖細苗條、曲線玲瓏有緻；穿上比基尼或熱褲展現美麗的線條，大腿、腹部、臀部就是展現身材優點的重點部位。然而，如果沒有在術後黃金期內進行按摩，抽脂部位極有可能產生凹凸不平的硬塊，沒辦法展現美麗的線條，等於是把原本的手術費再加倍的付出一次、再次重修，身體也平白受罪痛了一遭。

隆乳術後按摩的重要性

隆乳的術後按摩技術則是一個截然不同的領域，一般來說，隆乳術後按摩的黃金期是在術後兩週之內，且因各種隆乳手術使用的材質不一，術後按摩的時間、手法跟力道拿捏，也需要跟著調整。這也是為什麼我們身為術後專業店家，不建議大家術後自行按摩，或是去進行一般的美胸按摩課程，因為專業的隆乳術後按摩師，不只要了解經絡跟肌肉結構，還需要分辨不同材質所需要的手法，術後胸部按摩的手法如果不夠精確，反而會讓胸部變形。

隆乳術後按摩適用對象

目前台灣上市的隆乳材質有六種：女王波、魔滴、柔滴、光滑、水滴、絨毛材質。有些女孩隆乳後覺得胸部不夠柔軟、無法集中靠攏、沒有晃動感、胸部緊繃、硬如石頭般等狀況；而米可專業的術後按摩，會依照每個顧客不同材質和上述隆乳術後狀況做客製化課程。

術後按摩適用對象

會需要術後按摩服務的消費者，通常是曾接受抽脂、隆乳或乳癌重建手術的人，而術後按摩的主要功能，則是要維持先前手術所追求的效果，白話一點來形容，就是讓大家在醫美手術上所花的金錢、所承受的風險，能夠切切實實地達到該有的效果。我希望消費者的錢跟時間，都要花在刀口上。

舉例說明：很多愛漂亮的女性，為了追求修長筆直的腿型，會去接受大腿抽脂手術，抽脂的過程當中把脂肪像豆花一樣打散，再抽吸出來，而留在體內的脂肪，經過一段時間就會凝固定型。因此，要在術後三個月到半年之間的黃金週期內，每週進行兩到三次術後按摩，腿型才會漂亮，不然就算腿變細了，脂肪凝固後，有可能形成凹凸不平的塊狀型態，這種狀態跟消費者一開始想追求的長直細腿，可說是有十萬八千里的差距。

而隆乳術後的狀況會更多，一般女性手術前只單純的以為，隆乳後胸部就可以擠乳溝、穿內衣很性感、穿泳裝更火辣等，沒想到，手術後才發現問題那麼多！胸部硬如石頭且不夠柔軟、無法集中靠攏、沒有晃動感、胸部一高一低或太靠近，躺下來跟碗公一樣，不動如山等。有這些問題的女孩都可以來米可 spa 獲得挽救，重拾女孩們的自信與快樂！現在越來越多女孩隆胸，醫生也逐漸鬆口：不論哪種材質的隆乳都建議按摩，沒有完全不用按摩的材質！

2018 年米可 spa 剛成立獨家隆乳按摩技術時，只有一個全台灣隆乳最厲害的楊醫師提倡每一種材質都需要適當的按摩。2019 年台灣引進某材質，主打終身免按摩，十年保固，有問題免費換一顆給妳！很多觀望隆胸的女孩就此湧入。2020 年使用此材質的客人們開始找到我們，原因就是聽

了醫生的建議，不用理它、不用按摩，會越來越好！結果，過了半年胸部依舊不動如山，胸部 E 罩杯，卻沒辦法靠攏擠乳溝，有如石頭一般硬。2022 年開始，越來越多醫生建議自己的客人術後要找店家按摩，或者自行處理按摩。

　　時間軌道有如沙盤一樣，流逝的過程中，發現了真理，真理就是：不論哪種材質的隆乳，都建議按摩，沒有完全不用按摩的材質！另外，如果是臉部有施打玻尿酸或者微整的客人，通常在進行我們的臉部美容療程時，我也會運用術後按摩的手法，讓打進去的玻尿酸與臉部肌肉能夠融合得更自然，維持臉部澎潤效果。

圖｜凱麻堅持的服務哲學是「有感服務」，所謂的效果不是業者的話術，而是客戶真正感受到自己的身心狀態都在往好的方向前進，才算是有效的課程

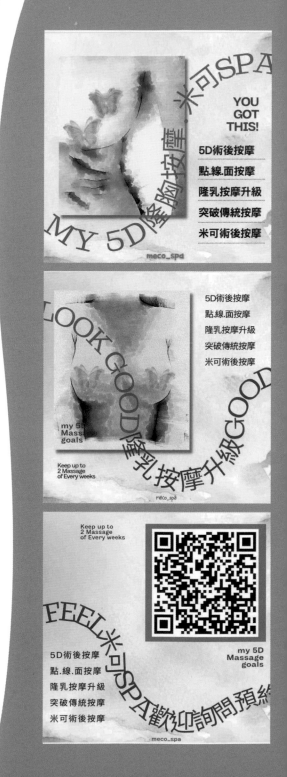

獨特的品牌定位，卓爾出群於美容業

「我的專業領域，幾乎涵蓋所有跟身體按摩相關的項目，但米可這個品牌的定位，是以專業的術後按摩為主。定位明確，是米可的品牌優勢，但也伴隨著許多挑戰。」凱眯指出，「米可 spa 主打的項目是術後按摩，客群樣貌十分明確，我們百分之九十以上的客群，都多少有接觸過微整或醫美手術，而她們的親友裡，接受相關手術的比率也非常的高，口碑行銷成為我客群來源的重要基礎之一。」米可 spa 自 2018 年底正式成立以來，在口碑行銷效果的延燒之下，建立了一批基本客群。

「然而身為品牌的創辦人，在客流量穩定後，我還是無時無刻思考著如何拓展新客群、如何強化米可 spa 這個品牌跟專業術後按摩的連結，當自己的角色從雇員轉變為經營者，就不能只滿足於穩定的現況，而是要關注市場的變化，抓住更多的商機。」

想要拓展知名度，擴大客群基礎，許多創業者會把網路當成主力戰場，努力經營社群媒體、下預算買廣告、邀請網紅體驗或異業結盟等。「其實我也想過請能帶來流量的網紅或網美，來配合體驗跟代言，但這又會碰到一個困難，許多人都會嘗試醫美手術或微整療程來讓自己變美，但因為現在網路鍵盤手的意見和東方人傳統觀念依舊佔據言論主流，客人不公開自已施作項目的考量，其實也很合理，所以術後按摩推廣並不像其它美睫美甲作品推廣來的順暢。」

米可明確的品牌定位，在某些時候，反而會成為行銷操作的障礙，而凱眯樂觀的表示，會持續努力開發更廣大的客群，如跨性別隆乳族群等，「我認為創業的路上，遇到波折與挑戰是必然的，沒有哪個創業者能夠永遠順風順水，轉念來看，這些困難也都是寶貴的學習經驗。」

原本嚴重高低相差有5公分以上，經過按摩師的努力現在相差不到1公分

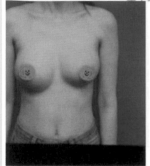 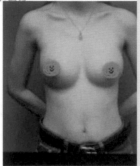

術後按摩前　　　　術後按摩後

感謝客人一週2次按摩，不懈怠持續20次後的成果♡
(我和客人都非常感動)

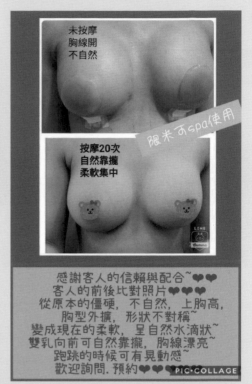

未按摩
胸線開
不自然

限米可spa使用

按摩20次
自然靠攏
柔軟集中

感謝客人的信賴與配合~♥♥
客人的前後比對照片♥♥♥♥
從原本的僵硬，不自然，上胸高，
胸型外擴，形狀不對稱~
變成現在的柔軟，呈自然水滴狀~
雙乳向前可自然靠攏，胸線漂亮~
跑跳的時候可有晃動感~
歡迎詢問.預約♥♥ PIC·COLLAGE

 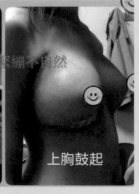  

按摩前緊繃不自然　　　　按摩後柔軟狀況

線條尖銳　　　　上胸鼓起　　　　線條圓順　　　　自然水滴

圖｜米可專攻的服務項目為美容業界較為稀缺的術後按摩，愛美的女性們在接受隆乳、抽脂手術後，為了達到預期中的效果，術後按摩是一個極為重要的環節

遇見米可抽脂術後按摩

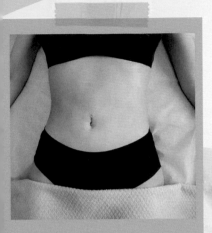
抽脂術後按摩_平坦小腹

meco_spa

圖｜想透過抽脂手術追求美麗的身型曲線，術後按摩是不可少的環節

Meco spa

May 2021
Issue 11

白骨精抽脂術後_遠紅外線極緻按摩
#PostLab

在妳每一個人生階段，都有我的專業相伴

　　「相較於跟我同時期一起進入美容業的前同事們，我可能是當中最愛學習、技能範圍最寬廣的美容芳療師了。」凱厭表示，在米可的客戶群當中，有不少人從青澀的少女時期，到結婚生子都固定找她按摩。

　　「女性在不同階段，為了追求美麗或身心平衡的各種需求，我都可以拿出相應的技能來為她們服務。」她舉例說明，例如在未婚時期來找她做美容護膚或醫美術後按摩的客人，結婚懷孕之後，就會改做孕婦淋巴按摩，來預防水腫、緩解孕吐、預防妊娠紋、改善腰酸背痛等。到了產後，就會需要子宮回推按摩，讓跑掉的腹直肌回歸原來的地方；或是，許多產後的媽媽也會進行隆乳手術，為的就是能夠重新穿上性感的洋裝或禮服，展現自己身為女人的魅力與自信。

　　對於經手術加工過的身材，許多人還是會抱著異樣的眼光。然而 2022 年後，微整和整型已經逐漸普及化，也成為現在美麗的指標，手術對象不再是女性，越來越多男性也開始前往了解。凱厭表示：「其實我認為產後婦女進行隆乳手術是一種剛性需求，產後因哺乳等因素，胸部萎縮下垂的案例非常的多，很多在生小孩前擁有美麗胸型的女性，在小孩出生後胸型就一去不復返，可以想像得到，這對於愛漂亮、又背負著種種壓力的女性，會是一個沉重的打擊，所以我決定大力推廣隆乳按摩，讓更多女性可以找回自信和魅力。」

「我也看過許多在隆乳手術後，因為不了解和沒有在適當的時機接受術後按摩，而導致胸部在視覺上、觸感上都明顯看得出手術的案例。」凱庥補充說明：「很多隆乳後的客人表示手術完才發現，雖然罩杯尺寸明顯增加，但因為沒有經過術後按摩，胸部的觸感跟籃球差不多硬，就算她穿著美麗的深 v 洋裝、搭配 nu-bra 補強，還是沒辦法呈現她期望中的性感深溝曲線，這就是術後按摩的關鍵影響力。」

　　凱庥認為，不論年齡身分，生而為人就有追求美麗的權利，而她十多年來所累積的專業技能，就是為了讓大家在追求美麗的過程中，都能圓滿達成自己的期望。「社會對於女性的種種期待與要求十分繁雜又沉重，要美麗、要有能力、還要扮演好人妻人母的角色，因此，來到米可的女性，在我的手法跟規劃之下，運用術後按摩搭配芳香精油、耳燭、熱蠟除毛等減壓療程，幫助他們在外型與身心各方面，都能達到自己理想中的境界。」

　　「像耳燭療法是透過天然植物配方的耳燭棒，吸附耳垢與耳油，達到顱內減壓、暢通呼吸道的效果，所以很多客人也會帶自己的老公或小孩來做耳燭療程，緩解過敏等呼吸道症狀。」能照顧各個年齡階段的女性，甚至連家人也受惠，在台灣的美業市場上，像凱庥這樣全方位的美容師確實少見，而這也是她本人長年苦學、苦練的甜蜜成果。

圖｜凱庥認為，技術傳承不僅能開拓學員的職涯與競爭力，也能讓消費者需求得以被滿足

孕婦淋巴
課程教學

MECO_SPA 孕婦淋巴按摩 技術教學

學員現場練習實作
1對1教學

妳不必要很厲害才開始
要先開始 就能夠很厲害
收穫的果實是最甜美的-米可spa

印地安耳
燭課程

MECO_SPA 印地安孔雀毛耳燭技術教學

學員現場練習操作
1對1教學

不要害怕.勇往直前.無所畏懼
學習技術.投資自我.
收穫的果實是最甜美的-米可spa

傳承理念，
提升自信心與創造自我價值

「未來，我希望有人和我有一樣的理念，一起創造更美好的未來，在美業裡持續發光、發熱。」既是全方位芳療師，目前也擔任耳燭、孕婦淋巴課程講師的凱厤表示：「目前來找我上課的學生中，有許多是想學習 spa 相關課程，進而斜槓創業的上班族。相對來說，按摩是一項比較吃力不討好、學習曲線很長的技能，想學按摩的人就很少。」

「但我還是會跟學生不斷的強調，入門學技術不難，能夠讓客人信服你的功力，進而回來消費，那才是真功夫。」她指出，耳燭的確是一項好入門的技術，學習兩個月就能掌握基本流程，然而，市面上會操作耳燭療法的人何其多，有志創業的新手，還是得從累積臨床經驗開始，一步一步地培養判斷力，例如觀察耳燭棒燃燒的情況，就能夠判斷眼前個案有沒有抽菸習慣、睡眠品質是否良好等，才能呈現出真正讓客戶「有感而信服」的服務體驗與服務品質。

而經驗值這種東西沒有捷徑，只有一步步勤懇地往前走，不斷地觀察學習，以正面的態度來看待一切挑戰。「我常常在想，來到這個世界上，我學會了這麼多技能，似乎就是要把這些技術及理念傳承給更多的人，讓更多的人們受益。而我此生，能夠在地球的軌跡上，有一個小小的足跡，己生足矣。」凱厤認為，技術與理念的傳承不僅僅是提拔後進，開拓她們的職涯，更是將自己多年來的經驗與準確的判斷力，逐步累積完整地保留下來，讓更多追求美、追求身心平衡與自信的消費者都能受惠。

經營者語錄

所有的奉獻，都來自一個善念，
讓顧客更好，我的存在就有價值。

人生沒有一開始就是滿分的，不足的部分，
絕對不會是別人免費贈送給妳的，一個人最終能夠走多遠，
映襯出的，是內心的寬度與廣度，
你的人生，就會是你格局的樣子。

妳的思想，成就 / 墮落著妳的未來；
妳的行動，來自於妳的勇往直前。
如果這個時候依舊沒有覺悟，安穩的思想，
就會造就未來一輩子平淡如此。

人生最大的驕傲是找到自己，然後堅持自己。
我在 35 歲後才找到自己，現在看到的妳也不遲，
每天進步一點點，
無論是外在的美麗，還是內在的涵養，堅持自己，
時間花在哪裡，妳的成就就在那裡！

米可
meco spa

Facebook
米可 spa/ 身體按摩 / 隆乳術後按摩 / 抽脂按
摩 / 熱蠟除毛 / 做臉 / 孕婦淋巴 / 頭皮舒壓 /
產後子宮回歸 / 台中到府

Instagram
@meco_spa

Line

薩迦 Day Spa

秉持療癒、高效、蛻變，打造身心靈深度放鬆的優質服務

美容沙龍對現代人而言是個極其重要的存在，人們能在行程滿檔，被各項雜事追著跑的生活中，關掉電腦、放下手機，短暫地從忙碌生活中抽身，來觀照身心狀態，刪除大腦滿載的記憶體，重新補足正能量。

環境優雅、乾淨舒適的「薩迦 Day Spa」，即是許多人每月必訪的療癒空間，透過客製化的調理課程，美容師協助顧客釋放內心壓力，享受久違的寧靜時光，他們專業、細心、貼心的服務，廣受顧客好評，是許多人想要趁「身心靈旅行」的絕佳去處。

品牌精神：療癒、高效、蛻變

　　薩迦 Day Spa 創辦人張紹恩畢業於弘光科技大學化妝品應用系，曾是僑泰高中美容科夜校導師、擁有多年美容工作經驗的她，2006年在台中大雅區開設第一間旗艦店，草創薩迦時，紹恩老師即有一個願景：希望能秉持「療癒、高效、蛻變」的精神，幫助每個造訪的顧客，都能從中找到更好的自己，並且每次到訪時，都宛如回家般放鬆自在。

　　美容業是個以人為本的產業，薩迦的 logo 設計是人與人串連成圓的形狀，象徵人們互助、互相成就和傳承的精神。紹恩老師認為每個顧客來到薩迦，必定帶著生理或心理的需求，因此薩迦期待藉由高效的產品與專業的服務，幫助顧客在身心靈三個層面上獲得滿足，並圓滿人與人之間的共好關係。

草創時期，尋找定位與確立經營模式

　　十多年前美容沙龍算是偏向區域性的產業，顧客多會傾向在自己的社區尋求相關服務、較少跨區消費，紹恩老師當時發現，大雅區多是單打獨鬥的美容工作室，少有提供高品質服務的沙龍，因此萌生在大雅區創立事業的想法，初期她和同是美甲師和芳療師的姐妹合夥，但隨著姐妹人生規劃的改變，後來薩迦就由紹恩老師獨自營運，服務項目也更聚焦於美容美體。

　　回憶薩迦草創時期的經營模式，紹恩老師認為初期在物料進貨、產品選擇、服務接待等作業流程，都遇到不少困難也花了不少時間，在摸索出顧客需求取向與儀器的使用，才漸漸確立薩迦專攻的項目。紹恩老師表示：「由於醫美的崛起，許多顧客會尋求醫美術後保養的服務，因此我們規劃不同的臉部療程，解決顧客打完雷射，缺水、敏感 、痘疤等問題。至於身體理療，則是為了解決現代人長期使用手機和電腦，以及生活壓力導致身體歪斜等問題，所發展的客製化課程。」

圖｜薩迦秉持「療癒、高效、蛻變」的精神，幫助每個造訪的顧客都能蛻變成更好的自己

從觀察與分析看見市場的缺口

　　紹恩老師從事美業已有十六年之久，她對於美業市場的變化相當敏銳，約三年前，她發現雙人按摩、尤其是伴侶按摩的需求越來越盛行。這個現象來自兩個原因，其一是台灣男性的保養意識抬頭，有越來越多男性關注肌膚保養、痘痘和出油問題，並且有護膚、清除粉刺痘痘的需求；其二，女性對伴侶單獨在美容沙龍消費較有疑慮，因此她們便會邀約伴侶，去自己喜愛且熟識的沙龍一起享受服務，並有完整的時段陪伴彼此、促進雙方感情。

　　這個發現促使薩迦新增服務項目，並調整行銷策略，吸引有雙人按摩需求的伴侶前來消費，果不其然幾年時間下來，薩迦累積了不少忠誠的顧客群，也讓薩迦在美業越趨競爭的狀態下，有著比其他沙龍更具優勢的特點。

　　此外，過往「運動按摩」總被認為是專業運動員的專利，隨著台灣運動、健身風氣盛行，不少民眾養成運動的嗜好，並積極參加各種運動賽事，因此具功能性的運動按摩需求，也成了美容美體市場少被滿足的項目之一。紹恩老師表示，在健行店就有不少顧客有打高爾夫球、健身等習慣，運動按摩能處理打球、跑步或健身訓練後肌肉緊繃的狀態，改善身體的柔軟度、提升運動表現，還能讓僵硬的肌肉、關節更活絡，有預防運動傷害的益處。

　　由於過往大部分的美容師對於運動按摩較不熟悉，於是紹恩老師積極培育美容師學習運動按摩。這幾年不少運動愛好者在薩迦體驗運動按摩後，紛紛在網路留下正面評價，也讓薩迦沒有做任何網路行銷，就獲得不少運動迷顧客的諮詢和預約。

圖｜專業手技與儀器輔助，根據顧客需求打造專屬按摩服務

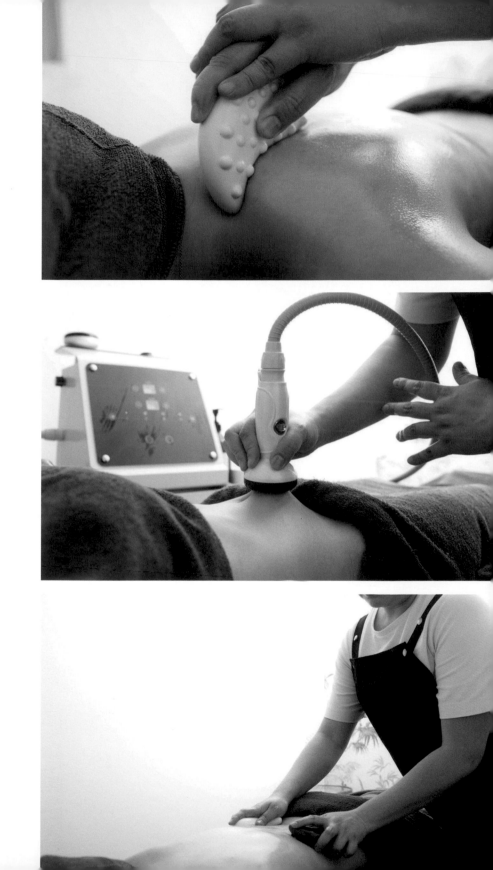

截然不同的空間設計，滿足顧客不同需求

許多顧客都認為，薩迦是他們心中充滿療癒的神聖空間，能卸下帶了整天的面具、釋放終日的疲憊。成立薩迦時，紹恩老師希望提供顧客一個放鬆自在的環境，因此，在大雅旗艦店，可以感受到濃厚峇里島風格，混合極簡風的設計，空間透露出一絲絲禪意同時不失溫馨，在一樓的休息區，擺放具有度假風情的藤椅沙發，木質溫潤調性的地板與家具，讓整體空間顯得格外放鬆。近年來有越來越多閨蜜或情侶夫妻，想要結伴享受美容美體服務，因此在大雅店二樓，也有規劃雙人舒適沙發區與獨立包廂，讓顧客能夠在具有隱密性的空間中，享受難得的悠閒時光。

隨著大雅店的營運越來越穩定，薩迦的優質服務也廣為人知，不少顧客向紹恩老師透露，希望她能在其他地方設立據點。為了回應顧客的需求，2014 年，紹恩老師接連創立健行店和員林店。「薩迦草創期時，我們在空間裝潢設計，一味希望給予客戶頂級的氛圍，而忽略做市場調查和了解客戶屬性，因此籌備第二、三間店的空間規劃時，我們記取當時的疏失，根據當地居民的組成和樣貌，規劃健行店和員林店的裝潢。」以健行店而言，裝潢風格屬美式簡約，整體空間使用了實用簡潔、幾何形狀等元素，搭配大氣的燈具畫龍點睛。至於員林店則是以美容美體沙龍少見的畫廊風格為主軸，營造高雅、知性私人會館氛圍，同時也擺放長桌，歡迎顧客享受服務後，在此放鬆休息。

儘管三間店有著截然不同的風格，但每間店都有充裕的空間和舒適的環境，讓顧客不用在享受服務後匆忙離去，而能在此與家人朋友聊聊天，聯繫彼此的感情，甚至讀上一本好書，享受悠閒的寧靜時光。「除了空間規劃有明顯區隔，我們也會根據消費者的樣貌，調整每間店的服務內容，服務主軸是一致的，但會在儀器和產品做出調整，更符合每個地區顧客的需求。」紹恩老師表示。

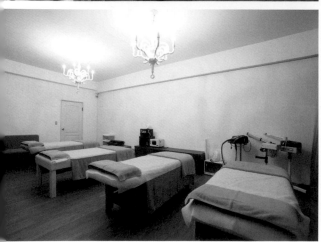

圖左 |
薩迦大雅店有著濃厚的峇里島風格，混合極簡風的設計

圖右 |
薩迦健行店的美式簡約風格，營造流行、時尚的氛圍

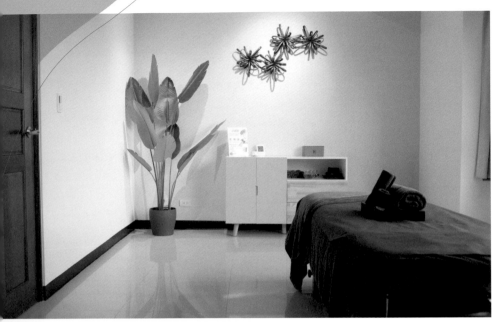

圖｜高雅、知性私人會館氛圍的薩迦員林店，是許多顧客休憩放鬆的好去處

開拓電商，
積極引進國外優質品牌

　　除了提供優質的美容美體服務，紹恩老師積極開通國外品牌通路，她陸續引進不少優秀的歐美品牌，讓顧客能在台灣輕鬆取得產品，不需負擔高額的海外運輸費用，或千里迢迢到國外購買。

　　在眾多的功能中，紹恩老師特別注重產品的高效性，舉凡各種肌膚問題，毛孔粗大、皺紋、泛紅、痘痘等，都能藉由保養品的高功效特色來改善。另外，許多女性發現，過去透過簡單的保養、護理，就能擁有透白明亮的肌膚，但近年卻時常感覺肌膚大不如前，似乎無法吸收保養品的營養。紹恩老師積極地尋找解方，才發現會有這樣的問題，是因為全球空污造成的懸浮微細粒子「霧霾」，使肌膚出現屏障，阻礙了保養品的吸收。

　　紹恩老師找到瑞士保養品牌，發現能有效深入肌底，清除包覆在各層肌膚周圍的有害微粒子，使肌膚恢復正常運作、接收新營養，並代謝廢物與毒素的產品，她將產品引進台灣，幫助許多女性解決她們困擾許久的問題。

　　閒暇時到 spa 享受服務，在法國可說是全民運動，無論是男女老少都有保養意識，這樣的風氣讓法國孕育出不少頂級的保養護膚品牌、領導全球的 spa 市場；除了瑞士品牌，紹恩老師也積極引進數個她鍾愛的法國品牌，「從 2017 年開始，我將許多優秀的品牌引進台灣，疫情反而形成一股動力，讓我們積極從實體通路轉移至電商，並把過去在團購網站銷售的課程，轉移到薩迦的網路購物商城。近期由於歡慶薩迦網路購物商城開幕，網站上也推出一系列超值課程，吸引不少人的詢問。」

理論與實務兼備的美妍學院，
縮短初心者學習時間

　　薩迦從 2006 年創立至今已過了十六個年頭，這十六年來，薩迦持續穩定成長並拓展據點，漸漸地，也有不少人尋求紹恩老師提供美業職涯建議。有人在疫情衝擊下，想要學習一技之長，但苦無門道不知如何著手，又擔心不良的教育機構只想銷售產品，無心認真教學；也有美容科系畢業的新鮮人，由於沒有相關工作資歷，而找不到店家願意聘僱；甚至也有人已從美容補習班學成，但仍對實際服務流程一知半解。

　　「這些年中，我發現美容行業開始出現斷層，想投入美業的初心者，以及想進修與學習的人越來越多，因此我們在旗艦店樓上成立教學中心，讓學生能在正統的 spa 環境中學習裡面的精隨與細節。」薩迦規劃的「美妍學院」，讓學員不僅能具系統性且效率地學習，學院也不藏私地教授各種可立即使用的工作技能，包括店務、專業知識、美容美體技能、銷售技巧等等，學員通過考核後，也能與業界無縫接軌，直接在實體店面實習，累積工作經驗。

　　正所謂「知識是看不見的專業，技術則是見真章的實力」，薩迦有多年的專業積累，能協助想入行的初心者，了解這門兼具保養、美容及養生概念的技藝，學員經過培訓後，能以更高的起點進入美容職場、以專業美容師的資歷與店家商討薪資福利，節省漫長的美容助理時間。

　　紹恩老師說明：「美妍學院會以小班制、手把手的教學方式，讓學員學習知識、技能和實務經驗，另外，課程規劃會分成初階和高階，高階的課程也能幫助許多已有工作經驗的美容師，透過實務研討的方式，解決他們在行銷、推廣、銷售等工作上的問題。」部分

坊間美容補習班所提供的課程，教學時間都相當短暫，且學生也缺乏實作，因此不少學員學成後，往往只能自己想像整個諮詢和服務流程，若想要累積經驗，也只能尋求身邊親友的協助。但在薩迦的美妍學院，初階課程僅僅只要數千元，就有專業且資深的美容師，亦步亦趨教學，並能直接點出操作手法的盲點，為學員省下不少摸索、學習的時間，未來通過考核的學員也能直接在薩迦實習、累積實力。

另一個開辦美妍學院的原因是，紹恩老師發現，不少美業經營者創業時，不清楚成本和隱形成本的計算，他們開立工作室時，往往認為只要空間佈置得漂亮就會有顧客上門，但忽略了各種開銷或美容耗材成本，以及客戶預收款風險控管等細節，最終導致創業失敗。因此美妍學院除了傳授技術，也希望能教授中小企業與工作室忽略的部分：「一間店涉及的層面太廣，這也是為什麼很多美容工作室無法長久經營，他們在隱形成本與客戶翻轉率的規劃並無概念。」

圖｜薩迦規劃的「美妍學院」幫助美容初心者和創業者學習美容，並解決創業所碰到的難題

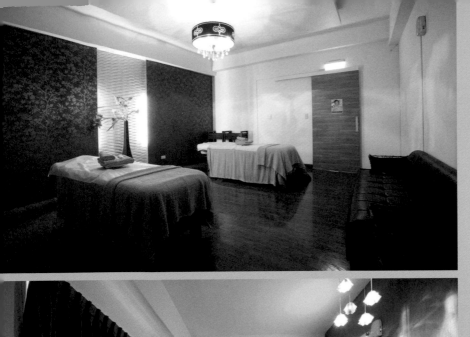

加盟理念：
一個人走得快，一群人卻能走得遠

　　隨著社會和科技的發展，人們對於美容的需求，促使美業迎來更多的變化，儀器必須更先進，朝向科技美容發展；服務也必須更精緻且以人為本；消費者對於產品也更挑剔，期待有不同的體驗。在種種外在條件的迅速變化下，不少自行創業、開立工作室的美容師，也面臨學了各種東西，但大腦卻像大型雜物間，不知道如何應用這些技能與商業思維。尤其，2020 年開始，疫情對於整個美業衝擊更是巨大，在台灣三級警戒之際，許多美容沙龍被迫歇業，來客量下降同時還要負擔租金，讓許多創業者叫苦連天。

　　紹恩老師在這十多年的工作經歷中，看過不少美容師因為長期待在舒適區，或是侷限於過往的思維模式，堅持過去習得的服務、行銷或銷售方式，而在萬事萬物都在疊代更新的市場中，遭遇瓶頸、面臨淘汰危機。為了幫助這些美容師，也形成「魚幫水，水幫魚」的雙贏效果，薩迦規劃了加盟機制，希望藉由薩迦更全面的經驗，輔導遲遲無法有所突破的美容工作者，能在事業上有更多的成長或轉型。

　　紹恩老師表示：「在時空背景的轉換下，顧客屬性已經大不相同，有些美容師依然遵循過去的想法服務消費者，但他們沒有發現消費者的心態、需求已經改變，無法再用陳舊的服務或銷售方式，複製、應用到現今的顧客身上。」也有不少美容師雖有專業技能和豐富的知識，但在店務管理和行銷方面，卻是一知半解，因此若能有專業團隊協助，將能讓美容師更專心地發揮所長，也能加速業績的成長。薩迦的加盟機制能在行銷、銷售、技術、教育訓練等層面，幫助創業碰到挑戰的工作室，紹恩老師相信，「一個人走得快，一群人卻能走得遠」，若是能找到理念契合的夥伴，並且願意吸收不同的經營管理思維，必定能創造 1+1>2 的效應，讓彼此的事業都更上層樓。

圖｜薩迦的店面擺設充滿療癒氛圍，為顧客補充正能量

正面、樂觀，度過創業挫折最佳的解方

美業的多數利潤來自於提供顧客服務，若旗下的美容師離職並且帶走大批顧客，將會使店家客源嚴重流失，同時，不少調查也發現，新世代員工的離職率比過去更高，企業如何留下員工更成為創業者的一大挑戰。紹恩老師過去也曾碰過員工離職帶走顧客的情況，辛苦培訓美容師，卻面臨窘境，讓紹恩老師感到相當無奈，但她同時也發現，一間企業必須要能提供員工多元發展，滿足員工累積多元經歷的期待，才有辦法留住人才。

因此，薩迦相當重視員工對於職務和職涯發展的期待，無論是電商、美妍學院、或是加盟機制等推展，也都是為了讓員工從中發揮潛力、滿足個人成長。以美容師而言，若是對教學富有熱情，薩迦會培訓他們成為專業講師，在美妍學院教導學員；若是對行銷有興趣，也能朝向電商發展。

紹恩老師在遇到離職員工帶走顧客時，仍以相當正面樂觀的態度面對，並回到員工視角來思考問題，她了解到沙龍必須提供員工能充分發揮潛能的工作環境，讓美容師都具備相關的工作能力和應變彈性，才能更貼近員工的需求，企業也才有永續發展的可能性。

優秀的售後服務是奠定良好顧客關係的基礎

比起拓展新客戶，部分沙龍其實更關注售後服務，使顧客在課程結束後，仍獲得周到細緻的服務，並感受到店家的真誠。「課程結束後，我們會詢問顧客的身體狀況，同時做簡短的服務感受調查並回覆顧客的疑問。有時顧客接受按摩後，局部身體較為痠痛，美容師會分析原因，並且提供顧客緩解痠痛的方法及居家保養的建議。」在薩迦，從最初的諮詢、施作課程到售後服務，紹恩老師都有詳細的規劃，並且鼓勵員工在經營顧客關係時，把顧客當作自己的家人或朋友般對待，因此不少顧客都對於薩迦細膩、暖心的服務印象深刻，在網路上留下相當多的正面評價。

圖上│溫馨的服務風格讓許多顧客來到薩迦都有回家之感
圖下│薩迦細膩、暖心的服務，讓顧客印象深刻，不少顧客都在網路上留下正面評價

踏入美業的重要特質：謙遜、熱忱和社交力

　　過去社會對於美容師總有錯誤刻板印象，認為「不會讀書的人才會當美容師」但隨著近年美容的需求增加、美業蓬勃發展，吸引不少非美容科系畢業的職場新鮮人投身美業，若想在美業走得長久且穩健，比起技術，紹恩老師認為新鮮人的學習心態與想法更為重要。紹恩老師表示：「擔任專業美容師，不僅需要有優秀的技術，還需要各種知識和職能，因此我認為『美容小白』有沒有旺盛的求知慾，是個相當重要的人格特質，此外，由於從事美容，需要與人大量互動，因此美容師的社交能力也相當重要。」

　　一個專業美容師的養成大約需要多久呢？紹恩老師認為養成時間因人而異，有些人不抗拒學習並有良好的態度，短則半年就學而有成；反之，一個已經裝滿水的杯子，由於堅持己見的態度或相當自滿，學習時就較難有顯著成長。另外，紹恩老師認為不只是「美容小白」需要擁有謙遜的學習態度，專業的美容師更應如此，唯有放下過往的包袱和成就，才有辦法在遇到挫折時精準地發現並解決問題。

　　回顧創業的這十多年，紹恩老師一直邁著堅定的步伐，由於美業能幫助許多人，因此她相信美業就是自己畢生要走的路。紹恩老師期待未來能擴大服務項目，幫助顧客擁有精緻健康的身體與面容，同時也創造更多情感互動，讓顧客每到薩迦都像是回家；她更希望能幫助美容師繼續在職涯上發光發熱，擁有恆溫的內在驅動力，不斷自我成長創造職涯高峰。

　　對於許多想從事美容美體產業，但卻遲遲擔心市場飽和度，裹足不前的人，紹恩老師也鼓勵他們：「美容業絕對能生生不息，因為這個產業最專注人與人之間的關係，不管網路或科技再怎麼發達，還是必須回歸到實體店面，而這也是美業最特殊且難以被取代的地方。」

経營者語錄

一個人走得快，
一群人卻可以走得遠且廣，
成功的路上不擁擠，
因為堅持的人很少 。

薩迦 Day Spa

店家地址

《大雅店》台中大雅區雅潭路 4 段 833 號

《健行店》台中北區健行路 698-2 號

《員林店》彰化縣員林市成功路 92 號

聯絡電話

《大雅店》04 2565 0229

《健行店》04 2207 0608

《員林店》04 835 8007

Facebook

薩迦 Day Spa 台中大雅旗艦店

薩迦 Day Spa 台中健行店

薩迦 Day Spa 員林成功店

Instagram

@sakya_spa

官方網站

sakyaspa.com

繆媤時尚美學皮膚管理中心

Muse Aesthetic

慢工細活，用時間來成就你的美麗

「把你的臉，當成自己的臉來愛惜。」一句話淺顯易懂，道盡了繆媤時尚美學皮膚管理中心（以下簡稱繆媤）創辦人葉怡辰，創立品牌的初衷。

2015 年創業至今，從傳統美容沙龍服務，到引進韓式皮膚管理系統，繆媤始終堅持以手清粉刺為基礎、將客人的臉「大掃除」一遍，使保養效果最大化，經年累月的磨練與學習，輔以慢工出細活的堅持，不求速效，但求完美，這就是繆媤為客人打造美麗素顏肌的秘訣。

打造美肌
之前的大掃除：
地毯式清粉刺

結合傳統美容服務與科學化的韓式皮膚管理，繆嫂會針對每位客人的需求規劃客製療程，在各種療程組合當中，共通的基礎環節就是「地毯式清粉刺」。所謂的地毯式清粉刺，顧名思義，就是從額頭、鼻子、臉頰、人中到下巴，全臉各個部位分區塊進行大掃除，這個療程需要長時間在燈下低頭操作，對於美容師的眼睛跟肩頸負擔都很大，在所有類型的美容療程中，可說是最費時費力的環節。

葉怡辰笑稱，來找她學習清粉刺的學生，有的也會哇哇叫跟她訴苦：「老師，粉刺一定要清全臉嗎？真的好累！」曾經也有美容業前輩聽聞她在粉刺清理步驟所花費的時間，驚呼：「你服務一位客人的時間，我都可以做兩個客人了！你在浪費人生嗎？」然而，她之所以堅持花費超過一倍的時間，進行全臉手清粉刺療程，自有她的道理。

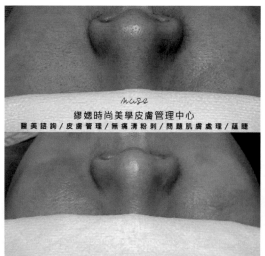
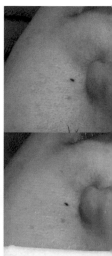

圖 |
全臉手清粉刺療程是繆嫂的必備基礎保養項目，葉怡辰運用細膩的技術與手感，為客人執行日常清潔程序中無法做到的肌膚深層大掃除

自美容專科畢業後，葉怡辰就踏入美業一線戰場，在醫美診所擔任美容師，「那是一段每天都需要跟時間賽跑的日子。」她將現場的緊張感描述地活靈活現：「從洗臉、清粉刺到上保養品，通常要壓縮在一個小時內完成。我們服務時身上都會佩戴耳機麥克風，時段快結束時，耳邊就會傳來親切的提醒：好囉！該收尾囉！不要再弄了。」

她坦言，業界在商言商，翻床率也是經營績效的指標，在時間壓力之下，美容師常常需要採取權宜策略，例如集中處理開放性或閉鎖性粉刺，或是略過額頭、下巴等部位。「然而，站在客人的立場思考，她們來消費，就是希望把阻塞毛孔的粉刺跟髒東西都清乾淨，如果沒能幫客人達成這個願望，我真的覺得很可惜。」此外，留在毛細孔內的粉刺，也會影響後續保養流程的效果，讓保養品吸收的程度打折扣，進行特殊療程時，沒清乾淨的粉刺也可能受到刺激而變成痘痘。

「所以，當我開始經營個人工作室，工作時段可以自主安排，也沒有翻床率的績效壓力，我就決定要把全臉手清粉刺療程，納入基礎保養步驟當中，為客人做好基本打底的功夫。」葉怡辰說明。

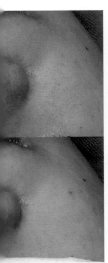
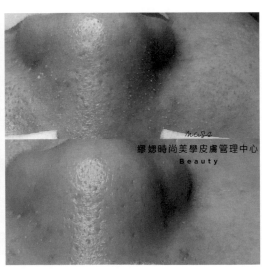

繆媤時尚美學皮膚管理中心
Beauty

清過閉鎖性粉刺
才知道什麼是沽溜的小臉蛋

客戶的信任，
奠基於不斷精進的學習熱忱

「會接觸美容領域其實是機緣巧合，我高中的時候，一開始因為喜歡畫畫，而選了機械製圖科，結果發現這個領域需要操作各種機具，我第一次上課就被鐵片噴到，課程內容跟原本期待的方向完全不一樣。」葉怡辰笑著表示：「後來轉進美容專科，當時才十幾歲的我也沒想到，會一頭栽進這個專業，越鑽研越深入，甚至去讀了美容科系的研究所，還用光波細胞實驗當作我的論文主題。認識我多年的朋友都覺得不可置信，因為她們印象中的我，完全不是一個愛念書的人。」

葉怡辰表示，從 2008 年開始在醫美診所任職，當時美容師的工作內容，主要是幫客人執行一些術後舒緩保養的步驟；而技術門檻比較高的操作，都是由醫生來執行，顧客的疑難雜症也能交由醫生來解答，「作為一個被雇用的美容師，在技術上，我可以放心倚靠跟我共事的醫生，但是作為一個獨立開業的美容師，當客人踏進我的工作室，他們能夠倚靠的，就只有我，從膚況檢視、保養諮詢到實際操作療程，我的整套服務，要能帶給客人效果，提升膚況，還要給他們適當的皮膚衛教跟充分的安全感。」

2015 年，繆媤這個品牌正式誕生，為了提供讓客人十足安心、滿意的服務品質，光是手清粉刺這項技術，葉怡辰前前後後就找了六個資深老師學習，「不同的老師，會給予不同的理論、技巧跟原則，有時候這些原則還會互相衝突，但我跟這麼多老師上課，不是只為了把他們的經驗囫圇吞棗地吸收進去，而是要把這些知識，透過自己的思考邏輯，統整成自己獨有的『內功』。」

　　結合了過往在醫美診所的實務經驗、多方拜師習得的技術，加上研究所的專業學理訓練，讓葉怡辰在面對各種膚況時，均能沉穩應對，仔細地從客人的膚況與生活型態，推敲統整出最適合的美容護膚課程；面對客人的疑問，也能提供最具可信度的解答。她舉例說明：「研究所時期，因課程跟論文需要，我開始運用學術資料庫，找大量美容醫學相關的論文來閱讀，在那段時期建構了自己的資料彙整方式，所以，當我在一線需要解答客人的疑問時，我能給予的，不只是網路上能搜尋到、 或是一般健康網站的資訊，而是經過研究佐證、有論文基礎的正確觀念，這也是客人會信任我的主要原因。」

　　葉怡辰強調，美容行業的理論、知識與技術都更新得十分快速，尤其是自己開業的美容師，更應該時時刻刻有危機感，主動去吸收新知。「像 2019 年，韓式皮膚管理剛崛起的時候，我就去上了全套的課程，並引進相關產品跟儀器。」她表示，韓式皮膚管理技術，確實能跟繆嫚主攻的手清粉刺及煥膚療程相輔相成，這是她的客人所需要的項目，客人的需求，就是她前進的動力。

圖｜
繆嫚時尚美學皮膚管理中心，是結合傳統美容服務與韓式皮膚管理系統的美容沙龍，創辦人葉怡辰用精細的手工輔以科學儀器，讓皮膚保養效果最大化

Q

繆媤的主要服務項目為何？

　　繆媤的服務特色，結合了傳統美容沙龍的手清粉刺、蒸臉、煥膚等，與韓式皮膚管理技術，針對消費者的膚況、需求與預算來推薦適合的課程，針對像是「色斑與暗沉」、「膚色不均」、「毛孔粗大」、「美白」、「抗老抗皺」等皮膚問題，繆媤都能提供客製化的解決方案。

　　傳統美容項目的部分，包括杏仁酸療程能夠改善痘疤、A醇可以針對皮膚凹洞來做修補；綜合性的零瑕疵美膚課程，則是針對客人皮膚的問題點進行客製化處理。而韓式皮膚管理，則是融合傳統美容與醫學美容優點的技術，運用專用儀器，達到人力做不到的效果，對於皮膚的侵入性及破壞性又遠低於一般醫美療程。

　　像時下流行的水飛梭，會在深入清潔毛細孔的同時，注入保養液。第一次體驗水飛梭的客人，通常都會發現臉部肌膚的細緻度、清透度大為提升，粉刺堆積在毛孔內的周期也會拉長，這就是相對於手清粉刺，水飛梭能夠補足的部分。另外，韓式皮膚管理也包括利用光子照燈來刺激細胞的技術，這也是我論文的研究主題，我很熟知這個技術能夠達到的目標效果。

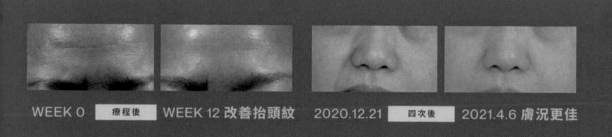

WEEK 0　療程後　WEEK 12 改善抬頭紋　2020.12.21　四次後　2021.4.6 膚況更佳

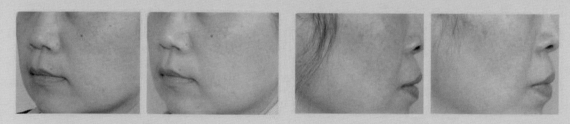

2020.12.21 術前　四次後　2021.4.6 撫平瑕疵　　2020.12.21 術前　四次後　2021.4.6 淡化斑點

舉例說明，如「韓式無痛童顏針」，並不是在臉上打針，而是運用 MTS 微針技術，在臉上開極細的孔，導入 3D 聚左旋乳酸等抗老成分，原理類似去角質流程中，讓毛孔張開的步驟，因為開孔很細小，不會有痛感或造成開放性傷口，但是能讓保養品吸收的效益倍增。「無針水光」則是注入韓國的高濃度玻尿酸，來達到逆齡保養的成效，同時機器還可以設定 RF 或 EMS 微電流，來刺激膠原蛋白增生，緊緻毛細孔。

　　另外，在繆嬭極受歡迎的「奢光逆齡水炸彈」，雖然步驟繁雜，但能夠發揮頂級的保濕抗老效果，奢光逆齡水炸彈課程的環節包括手清粉刺、用水飛梭儀器注入兩種營養液、高壓奈米活水注氧、導入儀保養，加上無針水光跟照燈。無論是乾性肌、換季皮膚偏乾、打完雷射或進行酸類保養療程後皮膚缺水的人，做完這個課程，皮膚的彈潤、透亮程度都會明顯地提升；但如果是油性肌膚，就不建議選擇這麼「滋潤」的課程，我會根據膚質調整，來幫客人設計適合的保濕程序。

　　因此，韓式皮膚管理介紹中常見的不用打音波就能拉皮、不用挨針皺紋就能消失等文字，並不只是廣告文案，也不是什麼神奇的魔術，這些保養效果，都是我接受訓練跟實作過程中，親身經歷到的客戶正面回饋，相關原理，也都找得到科學實驗數據來佐證。

圖｜
因為具備專業美容醫學的背景知識訓練，葉怡辰能夠將傳統美容與韓式皮膚管理的優點融為一體，來達成膚況及氣色確實提升的有感素顏美肌

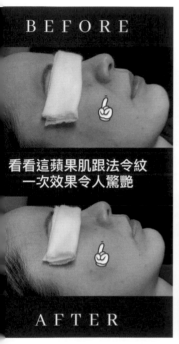

BEFORE

看看這蘋果肌跟法令紋
一次效果令人驚艷

AFTER

• 木乃伊小V臉管理 •

Muse
繆媞時尚美學皮膚管理中心
醫美諮詢／皮膚管理／無痛清粉刺／問題肌膚處理／蘊膚

Muse
繆媞時尚美學皮膚管理中心
醫美諮詢／皮膚管理／無痛清粉刺／問題肌膚處理／蘊膚

Q

繆媳的韓式皮膚管理，
有別於一般韓式皮膚管理的
特色為何？

韓式皮膚管理確實有獨特的技術優勢，近年來在台灣及中國市場的美容業界，也引發了一波接一波的關注及風潮。但我認為，不管是從哪裡引進的技術或產品，都要在本地的消費者身上，發揮恰如其分的作用，這才符合業者引進技術的初衷。

就算使用同樣的系統跟產品，來進行韓式皮膚管理，但我的獨門步驟跟概念是無法被複製的，因為每一個客人都是獨立的個體，膚質需求百百種，我會根據這些不同的變因來調整韓式皮膚管理的內容，讓客戶花的每一分錢，都能達到物有所值的回饋。

例如，繆媳任何價位的課程組合，都會包括全臉手清粉刺環節，這是考量台灣的氣候與消費者的膚質，所產生的保養概念。因韓國氣候偏乾，當地人粉刺問題不嚴重，所以，傳統的韓式皮膚管理，主要是用水飛梭儀器在清粉刺，但是在海島型濕熱氣候的台灣，手清粉刺搭配水飛梭，才能做到完整徹底的毛孔大掃除。

有些細小的閉鎖性粉刺，如果沒有事先清乾淨，客人在進行 MTS 童顏針療程時，細小粉刺受到刺激，是有可能惡化變成痘痘的。這些細節，都需要由美容師來幫客人把關，才能與客戶建立最紮實的互信關係。我在擔任韓式皮膚管理的專任講師時，也會跟學生強調變通、彈性調整、客製步驟的重要性。

圖｜
葉怡辰認為，美容師的專業，在於不被工具或既定流程制約，能夠根據客人的狀況，彈性調整操作的流程及步驟

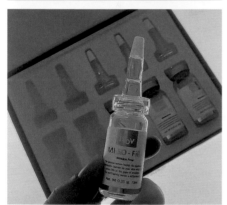
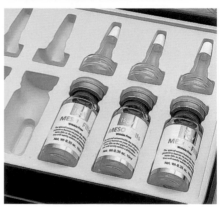

如今韓式皮膚管理技術進展飛快，美容師可以直接選購針對各種膚質、各種效果的儀器加產品套盒，看著步驟指示就能操作，我曾經聽老師們戲稱這叫做「傻瓜式保養」，如同傻瓜相機的概念，按表操課就能完成。

　　確實，最簡單入門的韓式皮膚管理，就是客人走進店門，指定某一組保養套盒，然後美容師就乖乖地照章辦理。但是如果這個套組的屬性，不適合該客人的膚質，就算依照指定流程操作，也呈現不出預期中的效果，這樣的事情，不但會讓客人的滿意度及信任感下降，對於美容師的風評，也會造成極大的傷害。所以，我認為美容師的價值與專業，不在於能夠按表操課，而是在於你能夠「投變化球」，根據客人的膚況，考量其生活型態，來調配出真正適合客人的保養步驟。

　　就像你走進一間酒吧時，調酒師能不能按照你所指定的元素，幫你客製出專屬的味道，或是，調酒師只能按照酒譜上的步驟，調出一些既有的品項，這些差異，都會大大影響到你對於調酒師的評價。而美容師的功力，不需透過天馬行空的創意來表現，而是要穩穩地從實務經驗中，累積出觀察力與應變力。

　　隨著市面上便利的工具跟產品越來越多，美容從業人員更要時時提醒自己，不要被這些工具所制約，而失去了自己的判斷力，美容師最不該拋卻的，就是跟客人互動、關懷客人的那份初衷，就算手邊有再多厲害的工具，也不能證明什麼，唯有讓客人膚質真正地得到改善與提升、使客人臉上充滿自信的神采，這才是身為美容師的成就。

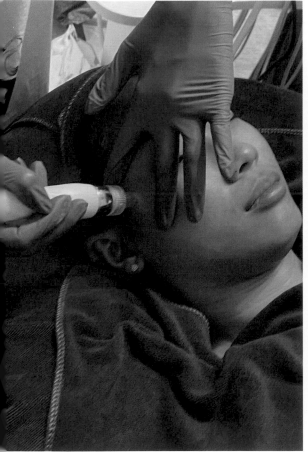
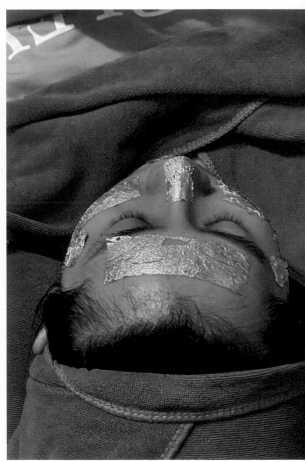

愛人如己，
就是留住客戶的核心優勢

從葉怡辰的言談內容，包括堅持全臉手清粉刺環節、客製化韓式皮膚管理的概念，可以發現她的確將「愛人如己」的中心思想，淋漓盡致地體現在每一位預約客人的身上。

葉怡辰憶及，曾經有一位粉刺及痘痘問題肌的客人，上門來求救，「他的狀況真的非常嚴重，可以用臉無完膚來形容，我光是清粉刺，就足足用掉三大張衛生紙，另外還有發炎痘的問題需要耐心處理。到現在，那位客人還是會固定來找我，如今，他的狀況已經改善到，清出來的粉刺，只有半張衛生紙的量，膚況回到正常範圍之內。」她認為，只要美容師運用正確的步驟，耐心地逐步改善，加上適合的居家保養程序，再嚴重的問題肌，都能夠變成素顏美肌。

「當客人回報自己的膚質有明顯改善時，就是我最開心的時候。」她表示，第一次上門的客人，都要先經過諮詢流程，回報自己的日常保養程序、工作生活型態及飲食習慣等。「這個步驟不能省，因為問題肌的成因有千百種，美容師必須要先判斷因果關係，才能幫客人設計適合的課程跟保養程序。」她舉例說明，曾經遇到一位痘痘問題肌的客人，因為會不自覺去摳抓長痘痘的部位，又因為太想改善皮膚狀況，自行買了許多刺激性的酸類保養品來擦，導致膚況更加惡化，於是轉由繆媤來提供適切的護膚與保養品建議，遠離刺激性的酸類成分，狀況才穩定下來；另一位未成年的客人，深受痘痘所苦，在葉怡辰的建議之下，戒掉奶類製品後膚況就大為好轉。

「我把每一位客人都當成我的朋友，願意盡力去關心他們，解決他們的問題。我認為，跟客人聊天也是美容師的專業之一，因為我要從談話內容，去判斷問題肌的可能原因，是出自於遺傳、青春期內分泌改變、飲食習慣、或是錯誤保養程序等。」

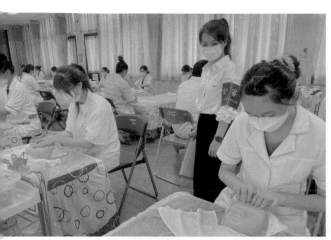

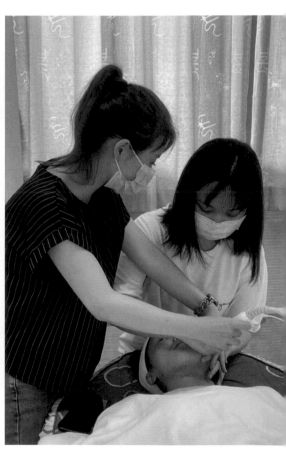

圖 |
秉持著愛人如己的精神，不管是面對客戶或是學生，葉怡
辰都希望盡力解決大家的困擾、回應所有人的需求

「現在的美學趨勢以清透素顏肌為主流，所以我的客人，除了透過保養跟皮膚管理流程來追求美肌，還不斷地敲碗，希望我可以加進紋繡服務，讓他們在這裡能夠一站式的打造偽素顏妝感。」她坦言，目前每天預約排程滿滿，自己真的很渴望能夠有一個分身，代替她去學習紋繡技術；而她能夠採取的替代方案，是每個月邀請熟識的紋繡師來駐場，開放時段讓客人預約。「滿足客人的需求，就是我職涯中最重要的使命，就算不能像神仙教母一樣，揮揮魔法棒，立即實現大家的願望，我也可以用一些替代的方式，來成就大家對於美麗的渴望。」葉怡辰表示。

　　或許就是這樣持續燃燒自己、照亮他人的熱忱，讓繆媞成立以來，從未有過為了來客量煩惱的狀況，「除了從開業以來就一直跟著我的客戶，我每個月都會接到一批新的客戶私訊，要預約時段來諮詢，大家應該都看得出來，繆媞的臉書跟 IG 很少更新吧！因為我只有時間不夠、沒有宣傳不足的問題啊！哈哈。」

　　而愛人如己的精神，也體現在葉怡辰傳承技術的教學現場，擁有十多年美容資歷，目前身兼韓式皮膚管理專任講師、保養品牌專任講師的葉怡辰，深知新手從業人員，在現場工作所需承受的心理壓力，也願意成為學生們最可靠的後盾。「初入行的美容師，面對一張張信任你的臉，跟變化多端、難以預測的膚質狀況，壓力之大可想而知。」因此，在教學的現場，葉怡辰除了提供零基礎手把手的教學，還會提供複訓及無限次諮詢的服務。

　　「我都會跟學生說，你打電話給我，我如果沒有接起來，你就繼續打第二次、第三次，直到你的問題得到解答為止。」愛人如己，不只用在客戶身上，葉怡辰也希望學生能夠傳承這份熱情，讓更多人能夠受惠；如同繆媞的粉絲專頁開宗明義所述：「成就你們的美麗，就是我們的責任。」

選定了一條路，
就要走得光明燦爛

　　許多美容從業人員，被問及入行契機時，都會給出這樣的答案：「因為我從小就愛漂亮，立志從事美的行業，讓大家都能光彩照人。」相較之下，葉怡辰的從業心路歷程，比較另類，也較為曲折。

　　「當初高中選讀美容科時，對於未來還懵懵懂懂，沒有太多的想法，想著，美容科的學生看起來漂漂亮亮的，我外婆家也是經營美容材料行，這條路應該不會太難走吧！」到了高中畢業，在朋友的邀約下，到醫美診所面試美容師的職位，「當時我連醫學美容有哪些項目跟服務流程都不太清楚，以為跟傳統做臉差不多。」繆媤這個品牌的成立，也是在友人及熟客的聲聲催促之下，而開始的。「會去選讀美容科系研究所，甚至做起細胞研究寫論文，也是抱著一種，既然頭洗下去了，就把它好好洗完的心情。」

　　雖然路程曲折，從 2008 年至今，許多的因緣際會，融合個人的努力不懈，葉怡辰不但培養了一大群死忠客戶，成為學生仰賴的美容專科講師，也讓繆媤這個品牌，不需要靠付費廣告，或是網紅背書推薦，在競爭至為激烈的美業市場站穩了一席之地。

　　「許多人在選擇職業方向的時候，或許都會經歷茫然、不知道自己的選擇是對是錯的心理過程。但我認為，如果你選定了一條路，就好好地、安心地走下去，在路上，你會發現許多讓你驚豔的風景。堅持前行，就能越走越開心，越走越燦爛。就像我常說的，頭都洗下去了，就不要半途而廢，洗完它吧！」葉怡辰笑著表示。

我會把你的臉，
當成我自己的臉來
愛惜與照顧。

繆媤時尚美學皮膚管理中心
Muse Aesthetic

店家地址
台南市南區西門路一段 385 號

Facebook
繆媤時尚美學皮膚管理中心 Muse Aesthetic

Instagram
@muse.aesthetic

聯絡電話
06 223 3909

Line

NANACO LASH & BEAUTY

高質感服務，
始於精細的思維
與永不停歇的
好奇心

因好奇而一腳踏入日式嫁接美睫領域，「Nanaco Lash & Beauty」創辦人 Olivia 在日系嚴謹的職人訓練體系中，發現了各種樂趣與可能性。從小學鋼琴、大學就讀音樂系，按部就班、一點一滴累積技巧的苦練過程，對她來說已是家常便飯，她也將同樣嚴謹而精細的行事風格，反映在她學習、從事各種服務項目以及教學的過程當中。

自 2015 年成立以來，Nanaco Lash & Beauty 的服務項目從日式美睫，逐步擴大到肌膚護理、日式小臉按摩、美體紓壓、臍燭暖宮、美睫教學等，基於旺盛的好奇心，也基於想讓服務品質持續提升的熱忱，Olivia 不斷地督促自己成長，因此不需特意宣傳，客戶自能在每一個環節，體會到服務的質感。

從琴鍵到眉眼之間，
始終如一的細膩風格

　　Olivia 表示，2012 年日式美睫技術在台灣還沒有那麼普遍，但自己親身體驗後，感受到日式嫁接睫毛的流程、手法及呈現的多樣性，與當時講求濃黑茂密、假睫毛都是一株一株種上去的台灣美睫風格大不相同，因此動了去上課學習的念頭：「當初只是想試試看能否上手，結果一試之下發現自己手感蠻穩的，就這樣一路鑽研得更深更廣。」

　　要成為一個合格的日式嫁接美睫師，除了要了解產品的特性、練習嫁接手法，連服務前的諮詢流程，也要盡量依循業內制定標準，以提供精準的服務。在進修的課堂上，日本來的美睫老師除了講解諮詢與 SOP 的重要性，也不忘交代她們每次練習嫁接，都要在一定的時間之內，觀察自己可以完成的數量是否有進步，最基礎的要求是一個小時要能接到 100 根。「這種日復一日的刻苦練習，就是我從小到大練琴的日常啊！」Olivia 笑著表示，練琴的時候，舉凡和弦、琶音、轉位等技巧，都是每一天重複同樣的練習所累積出來的。老師會用節拍器，由慢到快逐步調整來訓練手指的穩定度跟力道，嫁接睫毛練習也是運用類似的原理，在同樣的時間之內練習，來累積自己的穩定度及速度。

　　她表示，如同樂曲美感的呈現，背後都來自不斷的琢磨與苦練，要做出有質感的日式嫁接美睫，也少不了枯燥的練習過程。「而那就是客人信任你、願意再回來消費的先決條件。」

圖｜Nanaco Lash & Beauty 的命名緣由來自可愛的店狗 Chanel(奈奈)，取日文發音將品牌命名為 Nanaco

清透亮麗的神采，
來自精密的計算與評估

　　「受過專業訓練的美睫師，跟客人之間，存在著必然的資訊落差，因此在施作之前仔細的諮詢與討論，是不可略過的環節。」Olivia 說明，日式嫁接美睫的 SOP 通常會包含填寫諮詢表這個部分，美睫師要了解客人之前有沒有接過睫毛、或是做過角蛋白等毛流矯正課程、平常化妝習慣、生活型態、喜好風格等，根據客人睫毛的原生條件，來歸納出適合的嫁接長度與根數。「同時還要讓客人了解自己的原生睫毛狀況，以及跟施作有關的衛生概念等，通常光是諮詢環節就需耗時二十分鐘左右，加上實際施作，每個預約時段至少要預留一個半小時到兩個小時不等。」

　　「眼睛可說是人類最重要的器官，設身處地試想客人的心情，她們要全程閉眼，身體也不能亂動，讓美睫師在自己的眼皮上進行各種步驟，會緊張都是正常的。因此，在諮詢環節，美睫師與客人之間就要建立起初步的信賴關係。」Olivia 表示，有些客人表面上蠻淡定的，但是一躺下去身體就會開始緊繃，「這時候為了緩解她們的緊張感，我在進行每一個步驟時，都會先告知她們，我要開燈囉、我現在要翻一下你的眼皮喔等等，避免客人在看不到的狀況下被無預期的動作嚇到。」

Olivia 進一步說明，信賴感也是作品質感的基礎，「睫毛的長短、生長方向、毛鱗片的健康程度、五官跟眼型比例都會影響美睫適合的款式跟持久度，這些條件的差異、可能性都要跟客人交代清楚。」除了美睫師必備的專業理論知識與熟練的技術操作，商材的品管及施作環境的管理也相當的重要。美睫師也常常需要花時間讓客人確實理解睫毛的生長週期及嫁接後如何進行居家護理。「要讓客人擁有健康的睫毛，才能一直走在美麗的不歸路上，如果沒有搭配適當的保養，睫毛長不出來，就不能享受嫁接睫毛所帶來的效果與樂趣了。」Olivia 表示，經過諮詢環節或來過不只一次的客人，通常一聽就知道睫毛保養的必要性何在，「但如果是不瞭解我的人，可能就會以為我因為營利考量，才給出這樣的建議。」

　　她強調，日式嫁接的核心特色在於技術與服務精神，會選擇專注於日式嫁接睫毛技術，也是因為想帶給客戶不傷害到原生睫毛的細緻嫁接效果，針對客戶的眼型，去客製適合的樣式，也顧及著每一個環節的顧客體驗與感受。「此外，對於使用的黑膠產地與製造過程要有清楚的了解，並嚴格遵循衛生管理標準，這都是學習並執行日式嫁接睫毛最基礎的根本。」

圖｜除了專業理論知識與技術操作，Olivia 強調，商材的品管及施作環境的管理也需要嚴謹以待

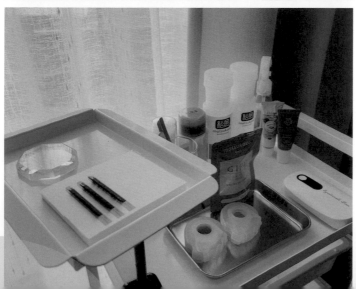

　　不需要說太多，美睫師就知道自己要什麼、適合什麼，一個小時之內快狠準完成，又能維持越久越好，「對客人來說，這當然是很理想的狀況啊！但是在日式嫁接美睫領域，這是不符合現實的要求。客人如果要保持款式的美觀，需要定期回來補睫，依照客人習慣，回店頻率從兩週一次、三週一次到每個月一次的都有。」

　　她表示，像有些人天生睫毛短，代謝週期較快，作品的維持度就會比較低；或是原生睫毛毛流分叉、錯位等，需要用單根嫁接的方式，把錯位的地方覆蓋住，睫毛才不會看起來雜亂無章。睫毛空洞感比較明顯的人，則可以用日式輕羽量款式，先讓睫毛呈現出一個自然均勻、不空洞的狀態，再用單根嫁接去加強立體感。「我會讓客戶徹底了解我要做什麼，以及我為什麼會這麼做，所以客人長期在我的薰陶之下，會越來越有概念，日後的溝通也會加速且順暢，像是一個正向循環。」

　　「例如我碰過一位身材嬌小、五官玲瓏的客戶，我知道她要求的根數嫁接出來會太濃重，沒辦法幫她的五官加分，我就會在溝通後調整嫁接數量。通常有一定經驗之後，客人自己會知道適合的睫毛款式、長度與根數，在她們的知識還不夠時，美睫師就要去估算客人的原生睫毛條件，幫她們客製適合的方案。」

圖｜愛漂亮也不能忘記眼周保養，Nanaco Lash & Beauty 會根據客人的眼型、風格與原生睫毛狀況客製款式，估算適合的嫁接數量。對於化妝方式、睡姿、毛流等各種會影響睫毛呈現的因素，也都會詳細說明

品牌成長的先決條件，在於主事者的行動力

在一開始學習日式美睫時，Olivia 也同時身兼音樂老師、合唱團隨團伴奏等職務，「從 2012 年開始進修日式美睫，到 2015 年正式成立工作室，幾年間我都是抓工作之間的空檔，持續去進修單根嫁接、輕羽量、濃密開花睫等技法課程。到開業後，慢慢地掌握了天母地區客人的習性，我就會安排暑假的時間去上課，至於進修的領域，我會選擇引起我好奇心與學習興趣、同時也能符合客人屬性需求的課程。」

從小習於規律練琴生活，做事風格細緻而有條不紊，再加上寫音樂教案時，所訓練出來的邏輯思考能力，Olivia 的品牌經營思維，也是走俐落而條理分明的路線。「如果工作室的服務項目只有日式嫁接美睫，長久經營會碰到的挑戰包括美睫師年紀漸長、體力眼力衰退，或是同一區域出現了提供更多元服務的業者，想做一站式服務的客人就會被吸引過去。」因此，Nanaco Lash & Beauty 近年陸續新增日式小臉按摩、淋巴按摩、藻針煥膚、暖宮臍燭等服務項目。

「從完成進修課程，到不斷地找親友讓我施作，我需要反覆演練，直到能夠在標準的時間內完成整套流程，並呈現出專業的品質，才會以體驗價的方式介紹給客人。」Olivia 表示。

2021 年 5 月，工作室遭受 Covid-19 疫情波及，還未等到學校暑假來臨，Nanaco Lash & Beauty 就提早放假，此外，因來客數多少受到疫情影響，原本就很注重安全衛生的 Nanaco Lash & Beauty，在復業後於美容室、化妝室內都增加了紫外線消毒設備，因疫情而升級的安全標準，在疫情趨緩後，Olivia 仍然堅持同樣仔細的消毒流程，未見半點鬆懈。

「以顧客需求角度來思考，我一直在想，要如何為客人做得更多，於是我 2022 年就去進修臍燭暖宮的項目，作為小臉按摩、肩頸按摩的延伸，讓客人同步達成改善臉型、紓壓及體質調整的需求。」Olivia 強調，要應對未來種種的不確定性，包括大環境衝擊及同業競爭等，品牌不能停滯不前；品牌能不能成長，取決於主事者有沒有在持續進步。「經常有人問我，要服務客人又要一直學新的事物，我怎麼會有這麼多時間？我的答案是，去試試看，就會知道時間從哪裡來了。」

圖｜從練琴、音樂教學到經營 Nanaco Lash & Beauty，Olivia 處事風格一向條理分明，逐步開拓服務項目，增加日式小臉按摩、淋巴按摩、藻針煥膚、暖宮臍燭等，也是邏輯思考後的結果

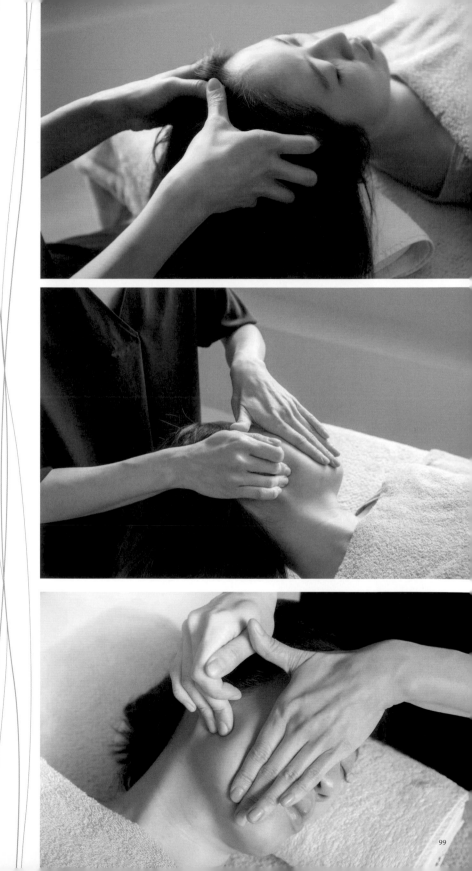

塑造內外兼修的質感生活

「開拓任何服務項目的前提是，我要自己親身體驗過，判斷那個項目的具體效果，再決定店裡要不要納入。」Olivia 表示，納入新的服務項目後，通常她會慢慢地先用文宣或口頭介紹項目，等客人對該項目比較瞭解之後，她們有興趣自己就會來預約，不需要特別去推活動。「像我店裡有些專作日式嫁接美睫的客人，因為認識我的時日久了，基於對我的信任，才會去嘗試小臉按摩、肩頸按摩、肌膚護理等項目，通常她們抱著姑且一試的心情，都會一試成主顧喔！」

如同質感好的美睫，能夠讓五官更加精緻立體，發揮畫龍點睛的效果，Nanaco Lash & Beauty 的按摩服務，也能夠發揮類似的功效。「生活作息、姿勢、飲食習慣、心理壓力等，都會影響臉型的輪廓。例如許多女性在生理期時，會出現臉部水腫的狀況，搭配小臉按摩、肩頸按摩跟臍燭暖宮療法，透過經絡按摩紓壓就能獲得全面的改善。另外一種常見的狀況是，現代人面臨工作等各種壓力時，睡覺可能會磨牙或是長時間肌肉緊繃等，緊繃的肌肉會連動造成骨骼位移，導致左右邊臉頰線條歪斜，或高低眉等等。」

圖｜在服務環節設計、項目組合與流程掌控上，Olivia 所有的思維與策略都是為了專注做好一件事：讓客戶從內到外，身心健康到外型都獲得提升，為她們創造有質感的生活

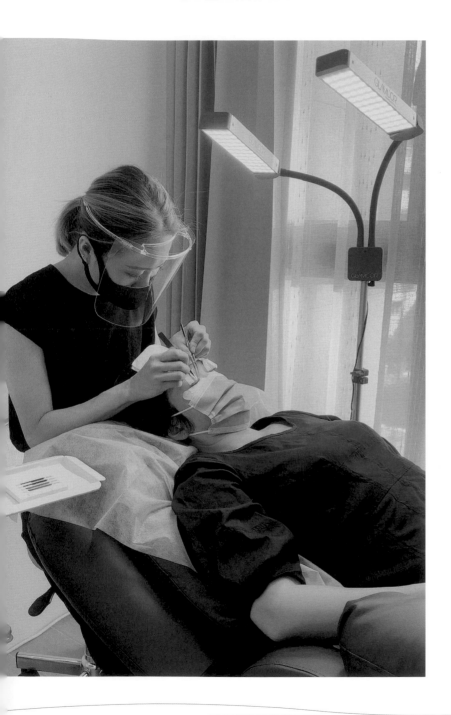

而臍燭暖宮，則是針對女性體質調理的一種方式，透過臍燭的煙囪效應來加快體內循環代謝，改善虛冷體質來增進身體的健康。透過按摩加上臍燭暖宮療法，達成五官輪廓更立體精緻、促進新陳代謝、身心紓壓等綜合效果，Nanaco Lash & Beauty 希望為客人打造一個內外皆美、身心安適的狀態。「我有些客人非常容易緊張、常常處在高壓狀態，連給別人按摩都會很抗拒，但他們因為信任我而嘗試了按摩項目，反而直說被我按了會上癮，這就是花時間跟客人從諮詢、討論到施作，慢慢建立互信關係的優勢。」Olivia 補充說明，部分長期客人的女兒進入青春期，愛漂亮想嘗試美睫時，就會直接把孩子帶來 Nanaco Lash & Beauty，「原因很簡單，關係穩定之後，這些媽媽們也沒辦法輕易信任別的從業人員，而是信任我的專業，直接把女兒交給我來服務。」

　　在護膚項目上，Olivia 也針對客群需求，提供能夠提升皮膚質感的藻針煥膚、液態皮秒及晶鑽嫩膚課程，效果著重在清理老廢角質及油脂、改善皮膚油水平衡，促進日常保養效果等。「以科學原理角度，護膚課程沒辦法取代醫美療程，但從消費者模式來觀察，這些課程能夠發揮延長醫美效果的作用。」

　　Olivia 舉例說明：「像時下流行的鳳凰電波，可以拉提臉部肌膚讓輪廓更緊緻，達到視覺減齡的效果，維持周期約莫一到兩年左右，不過，這是在『有保養』的前提之下喔！」她表示，如果花錢做了醫美療程，但是日常生活中怠於保養，醫美的效果就會大打折扣，在不保養的狀況之下，電波拉提的效果，有可能半年就不見了。「但是偏偏現代女性在工作、家庭、育兒等任務多重夾擊之下，可能連進行日常保養的時間跟心力都沒有。」Nanaco Lash & Beauty 之所以推出皮膚護理服務，也是因為要切入這個

圖｜Nanaco Lash & Beauty 創辦人 Olivia

消費者痛點，讓客人輕輕鬆鬆地走進店裡，容光煥發地走出店門，「沒時間、沒有心力保養也不要擔心，讓專業美容師來代勞。」

「所以，其實我不怎麼在意同業競爭這件事，也不會去刻意經營 Google 評價等，因為 Nanaco Lash & Beauty 提供的服務組合，包含日式嫁接美睫、小臉按摩、護膚、臍燭暖宮等，在同一區域是獨特而有競爭力的。另外，客戶跟我們之間建立的信賴關係，也是無可取代的。」她表示，縝密而仔細的服務流程風格，自然能吸引要求高質感的客戶，而頻率相近的客戶，也會帶來屬性類似的其他客人。

「以我自己的經驗來觀察，能夠幫助品牌吸引消費者，讓她們留下的因素，既不是廣告宣傳，也不是折扣殺得多低，而是從業人員能夠給予客戶什麼樣的體驗，以及消費者在體驗過程當中，能夠獲得多少滿足感、能不能幫助他們提升生活品質。」Olivia 透露：「店裡的客人，通常也會對我的時間掌控能力，留下深刻的印象。」精準的時間掌控，其實是從 Olivia 擔任音樂教師時，就培養出來的習慣。「以前教團體班所接觸到的孩子，日常行程都很忙碌，我如果下課時間延遲個五分鐘、十分鐘，就會影響到孩子的下一個行程，他們可能還得中間抓時間吃飯等，時間掌控不好，家長是會抗議的。」因此，她認為，在進行任何服務項目時，時間的掌控精準度，也是不容妥協的。

「不經營評價、不用力宣傳、不打廣告，在外人眼中，我的經營方式看起來很『佛系』吧，但那是因為我把所有的精力與嚴謹的態度，都投注在服務品質的關係。專注幫助客人內在變得健康、外型亮眼有自信、整體生活品質提升，讓 Nanaco Lash & Beauty 成為她們生命中不可或缺的夥伴，這才是我的品牌核心價值。」

圖｜店內空間散發一股閒適的氛圍，希望來店客人都像造訪友人家一般自在

經 營 者 語 錄

與其焦慮時間不夠而遲疑不定，
不如先邁開腳步，
勇敢地追逐心之所向，
就能找到善用時間的方式。

nanaco
beauty lounge

奈奈子工作室
Nanaco Lash & Beauty

Facebook
Nanaco Lash & Beauty
日式美睫。小臉按摩。藻針煥膚。教學

Instagram
@nanaco_lash

Line
@nanaco

又蒔・花蓮皮膚管理 x 掏耳師培訓

Yushih Skin Managment & Ear Spa

成功的元素
藏在細節中

許多人認為創業最重要的條件是資金、技術或商業模式，但許多擁有豐富資源的創業者仍舊經歷挫敗，這背後的原因究竟是什麼呢？書籍《心靈雞湯》的作者傑克坎菲爾（Jack Canfield）這麼說：「如果你想成功，就必須對你生命中經歷的每一件事情，負起百分百的責任。」八年級生的花蓮女孩王又仕從學生時期半工半讀，她發現唯有將看似平凡的小事做到極致，才有機會在競爭的環境中脫穎而出。

2021年5月，又仕在花蓮開設「又蒔-花蓮皮膚管理 x 掏耳師培訓」，這間美容沙龍只用短短的一年，就成了花蓮人想要感受療癒氛圍的首選去處，究竟又仕是如何做到的呢？

提早踏入職場的大學新鮮人

又仕出生於花蓮，有兩個年紀相仿的妹妹，父母在她三歲左右離異，又仕與妹妹皆由阿嬤拉拔長大。阿嬤在花蓮的鄉間務農，三姐妹從小除了讀書還需要幫忙家中農事，比起同年齡有爸媽照顧的孩子，三姐妹的生活更為獨立自主、思想也較成熟，知道家中經濟重擔都在年邁的祖母身上，因此從國中開始，又仕非常努力於學業，也讓她順利考取花蓮國立第一女子高中。

高中畢業後，她選擇電影與創意媒體學系，但因為電影系除了學雜費，仍需要負擔大大小小的拍攝製作費用，大學生活過得相當拮据，從大學一年級開始，又仕不像一般同學有許多時間參加社交活動，只能提早踏入社會，開啟半工半讀的打工生活。

牙醫診所工讀奠定工作基礎

又仕的第一份工作是在牙醫診所擔任牙醫助理，在這段四年多的牙助經驗裡，奠定她學習如何規劃服務流程、傾聽顧客需求和職場工作能力的基礎。又仕說：「在工作上，我願意主動做別人不想做的事，也願意比別人花更多時間在工作上。起初我在診所工作，因為自己不是本科系，很多專業術語、處理流程都不懂，過程很辛苦，即便挨罵，我仍會時時反省自己，並找出改善的方式。」

圖｜又仕在蒙古的巴彥淖爾旅行風景照

牙醫診所林院長可說是又仕職涯啟蒙的貴人，她在又仕任職期間悉心教導，知道又仕不是牙醫相關科系的學生，遇上問題時院長便會想盡辦法幫助又仕跟上診所的工作步調。院長也看出又仕的優點與潛力，因此時常鼓勵、稱讚她，這讓她在擔任牙助的過程中，建立起自信心並收穫良多。

　　牙醫診所有一套清楚的看診流程，因此又仕將在牙科學習的經驗，應用在美容美體領域中，從客戶諮詢問題、流程規劃到返家的後續照顧，都會明確地讓客戶了解，讓顧客倍感安心。不只如此，因為診所林院長為人親切，對待員工宛如家人的領導風格，也深深影響又仕。

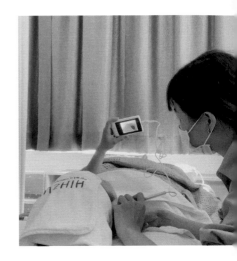

　　又蒔有專職的掏耳師及美容師，儘管又仕知道對方曾說過自己有創業的想法，她仍舊願意將自己的專業和技術，完整地教授對方。許多人問她：「難道你不擔心你的員工學完之後就跑了嗎？」又仕表示：「我知道大家都擔心自己的技術外流，但在我的店裡，員工是我的資產，我很願意花時間在技術培訓上面，訓練得好對雙方都有益，我也能省下非常多時間去做更多事情，我知道創業很辛苦，要顧慮的事情太多，能在我這裡累積經驗、熟客，未來若有一天自己有能力出來創業，也不需要擔心要重新來過，人與人能相遇是一種緣分，我只要求在工作時做到盡心盡力。」

圖｜又仕與牙科診所林院長（右）合影

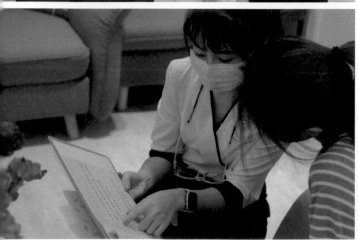

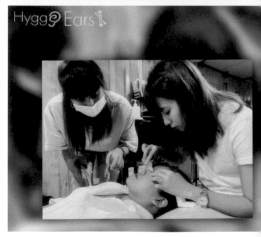

圖左｜又蒔具有相當細膩的服務流程，療癒的氛圍
讓顧客倍感安心

圖右｜忙於創業的又仕，仍在緊湊的生活步調中持
續進修

在中國發現舒壓又療癒的足療

又仕在牙醫診所工作結束後，到了中國廣東與朋友合夥開設中西藥店，有時工作結束後，朋友都會說要去「洗腳店」，搞不懂「洗腳」是什麼的又仕，跟著朋友一起去體驗，這才發現中國足療場所的服務相當有趣且多元。又仕笑說：「我很驚訝有這樣的地方，可以讓客人享受搓腳、掏耳，還能看電視、吃泡麵，真的非常放鬆且療癒。據說，在中國大陸有數十萬間足療場所，不少朋友會相約到洗腳店，各自在躺椅上，享受有中藥的熱水泡腳及足部按摩，這已是許多城市居民夜生活的寫照，也成了獨具特色的社交方式。」

儘管又仕在廣東投資的藥店生意已上了軌道，2020 年 2 月大陸新冠肺炎疫情爆發前，她獨自到蒙古旅行了一個月，沉澱並思考接下來的生活，她心想，藥店營運也並非由她不可，或許自己該回台灣做些什麼。她在中國嘗試過掏耳，覺得非常舒壓，掏耳除了能清潔耳垢還會透過安全、衛生的特製器具，為平常難以接觸到的耳內穴位按摩，當時台灣還沒有太多人知道這門古老的傳統手藝，也讓她開始思考在台灣提供掏耳服務的可能性。

將創業想法化為行動

回到台灣後，又仕決定在花蓮開一間屬於自己風格的工作室，如此一來上班時間自由，也能有多點時間陪伴家人，由於還有學生貸款需要償還，身上現金並不充裕，因此她申請專門提供女性、離島居民及中高齡者創業的「勞動部微型創業鳳凰貸款」，貸了約七十萬元，款項下來後，她開始在花蓮市區尋找店面，並與室內設計師著手討論工作室整體裝潢設計。

又仕仍記得自己在大陸時體驗洗腳店的放鬆回憶，因此她也希望能營造療癒身心的環境，讓客人在忙碌的生活中，能有個處所像回到家一樣放鬆自在。創立品牌需要一個令人印象深刻的名稱，「又蒔」兩字是她花費許多心思發想的，「蒔」有移植、栽種之意；又蒔代表生命再次重生茁壯，等待四季光陰淬鍊後更加耀眼綻放，如同她的人生寫照，重新再出發。

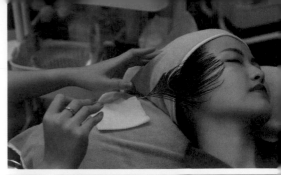

　　店內風格以日系、簡約為主；顏色則以大量的暖色、黑色與白色三種顏色做為主軸。另外，又仕以吧台取代一般常見的諮詢桌，希望讓來店的客人，在諮詢的過程中能感到自在放鬆。創業初期，一邊忙碌於店面的選址與裝修，一邊進修掏耳美學相關技能，或許是當時掏耳並不盛行，又仕花了一些時間才找到教掏耳的老師，用一整個星期學習這門手藝，學成後更花了長達兩個月的時間反覆練習。

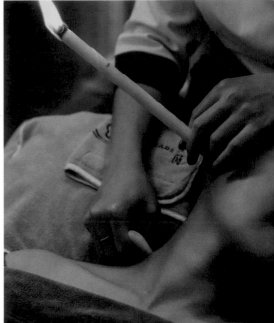

　　掏耳不只是耳道清潔，還會搭配按摩及撥筋手法放鬆頭部及肩頸，又蒔的掏耳風格充滿身心靈療癒，利用羽毛放鬆耳內的穴位與神經，幫助顧客達到顱內放鬆的效果。學習掏耳技術後，她便找了家人朋友做為練習對象，讓技術更純熟，同時規劃營運流程跟服務項目，整間店也算是籌備完成。開業後短短幾個月的時間，又蒔的營運狀況相當出色，最高紀錄一天內接了十個客人。

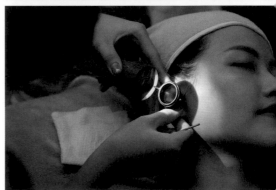

圖上｜舒壓且能為身體帶來健康的掏耳服務
圖下｜療癒身心的環境和專業的服務，是又蒔的一大特色

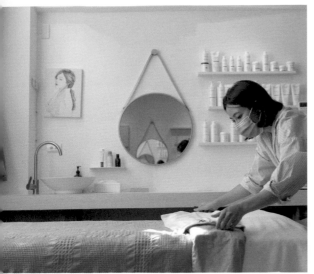
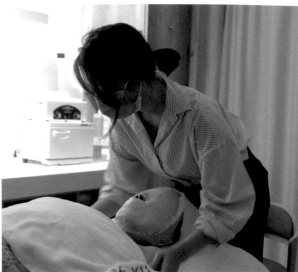
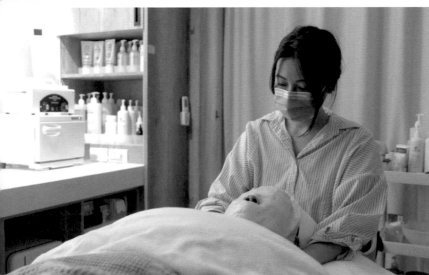

圖｜又仕總是希望提供顧客最具成效的服務，美容沙龍少見的皮膚檢測儀、小臉製造機、體雕機，都是又薛必備的儀器

服務至上，不計成本地投資

只憑藉掏耳服務，又蒔的營運就已上了軌道，但半年後又仕發現掏耳這個需求並非有週期性的固定需求，不像護膚美容顧客會定期回訪，因此她開始接觸傳統美容。學習後，她觀察到傳統美容有局限性，無法有效率的解決肌膚的所有問題，因此她像是嚐百草的神農，努力尋找問題肌膚的有效解方，這也讓她遇見「韓國皮膚管理系統」。

韓國皮膚管理系統顧名思義來自於美業發達的韓國，它不是傳統意義上的美容手法，也不同於醫療診所處理皮膚疾病的方式，而像是兩者的結合，透過專業評估為顧客發現皮膚問題，以手法、產品、高科技儀器三者結合的方式，來改善肌膚問題。為了購買設備和儀器，又仕最初規劃創業大概需要七十萬，但她也漸漸發現成本控制相當困難，因為求好心切，店裡的許多開銷漸漸超出她當時的預估。

「在皮膚管理這塊要穩定客源真的沒有別的技巧，只有簡單的事情重複且用心地做，發現問題積極解決並持續進修，我最高紀錄的工作時間曾超過 16 小時。」又仕表示，在台灣，很少護膚沙龍會用到皮膚檢測儀、小臉製造機、體雕機等昂貴儀器，但這些在又蒔都是必備儀器。「如果一項產品或服務沒有得到客戶滿意的回饋，我就會開始檢討服務內容。」因為又仕對服務成效的挑剔，也讓她在選擇儀器或設備時，總是選擇最好、最有成效的。

學會做別人
不想做的事就能節流

精益求精的又仕，總是希望能為顧客提供最頂級的美容服務，開業一年來，她已陸續投資約三百萬的成本，這也讓她警覺應該要學習節流，找出能節約的地方，才能讓又蒔永續經營下去。因為語言隔閡，一般沙龍想要進韓國產品或是購買儀器，往往會透過經銷商或由教授技術的老師代購，很少人會直接尋找韓國廠商進貨。

又仕發現若想要節省成本，必須要自己學會找東西，不能永遠依賴他人，為了購買韓國各項專門皮膚管理儀器，又仕雇用韓國翻譯直接接洽韓國廠家，並學習如何叫貨、找貨甚至是代理廠家品牌，「藉由韓國翻譯的協助，購買流程自己試著走過一遍，就能省下非常多錢，儀器操作上也能藉由韓國翻譯來了解正確使用說明和注意事項。」又仕表示。

擴展多元服務項目，回應顧客需求

創業初期又仕規劃了掏耳服務，漸漸地她發現顧客有了不同的需求，本身熱愛學習的她，也接觸各種知識與技術，她除了是台灣采耳協會的花東講師，也是專業的美容皮膚管理師及韓國調香協會的調香師。

目前又蒔主打皮膚管理和掏耳，同時也規劃五官舒壓結合護膚的套餐組合，如蒸氣洗眼 spa、耳燭搭配顧客喜歡的精油，做特調的精油背部按摩，以及立即有緊緻拉提效果的人氣王「小臉製造機」服務；身體方面也有體雕增肌減脂和讓胸部循環暢通緊實，維持圓潤堅挺的豐胸療程。更特別的是，又蒔還提供協助產後媽媽暗沉困擾的乳暈專科，有效改善女性乳暈暗沉問題。

又仕分享，在規劃服務項目時，不只是為了賺錢，更希望能解決客人的問題。「曾經有個客人預約美胸按摩療程，她告訴我自己曾經得過乳癌，乳房有切除，因此常常希望自己也能像其他女性一樣，有正常的乳頭。」因為這個原因，又仕便學習能幫助乳癌患者重建乳暈的乳頭紋繡，希望幫助更多乳癌患者重拾自信心。「乳頭紋繡」顧名思義就是在胸部乳房重建位置處，用紋繡機及紋繡色料，繡出乳頭、乳暈，乳頭側面看起來雖然是平的，但正面卻非常立體、真實。乳癌患者在接受乳頭紋繡後，內心因疾病帶來的失落也重新被修復。

又仕相當擅長觀察，因此在與顧客談話時，她彷彿能讀懂他們的需求。拓展服務項目的過程中，又仕也從自己的生活經驗出發，尋找消費者的痛點，更會站在消費者的角度，思考如何將服務做到極致，讓客人更加滿意。在發想服務項目時，又仕會不提地向自己提問：「我如果這麼做，他會喜歡嗎？那他會想要多加些什麼其他的服務嗎？」；也想著「最近自己變胖了，變胖但不想運動的話，有沒有躺著就能瘦的方法呢？」；或是「有沒有讓臉型更小更緊實的東西呢？」。對自己的種種提問，讓她漸漸地開展出更多服務項目，不僅解決自己的疑惑，也幫助有同樣問題的女性，能在又蒔獲得所需。

除了努力提供最好的服務，她也不停地為產品和服務添加創意，讓每每回訪的顧客有新鮮感。又仕認為經營美容沙龍，必須一直進步，保有自己的想法並尋找新的創意，不能只有在競爭店家推出新產品或服務時，才開始思考，得走在他們前面，才不會被節奏快速的美業環境吞沒。

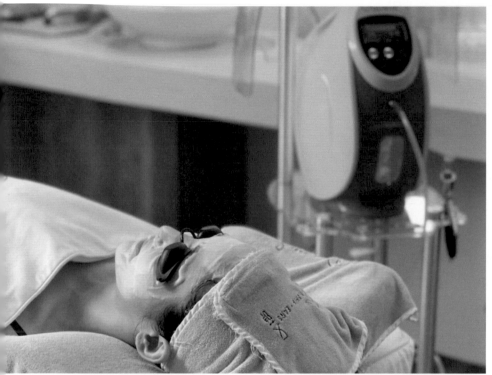

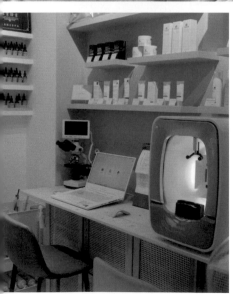

圖｜持續練習和創新是美業創業者成功的必備因素

魔鬼藏在細節中

許多人都有創業的理想,最後成功的卻很少,究其原因,就是細節做不到位,細節往往最容易被忽視,能否把握細節是決定成敗的關鍵因素之一。又仕從學生時期在診所工作,就展現與一般人不同的特質,凡是別人不想做、覺得麻煩的工作,她總是身先士卒地搶著做,不只想辦法將事情完成,更非常講究細節。

這項特質如今也展現在她的創業旅程中,她鼓勵員工不要心浮氣躁,把心靜下來,「我常常耳提面命,讓工作夥伴知道,一件小事做起來很容易,但要堅持並重複地去做卻非常困難。我相當要求店內物品擺設整齊、空間香氣、工作區域的器械消毒與環境整潔,因此除了專業技術,我也會請夥伴把這些整潔細節放在心上。」

在創業的忙碌中為了避免忽視細節,又仕每個月會邀請夥伴一起用餐,聊聊這個月從營運模式、服務流程到客人接待上的所有問題。又仕指出,這樣的溝通能檢視沒有做好的地方,並記錄下來,以免在忙碌的工作中又忘記了。「提出的任何想法和改善作法一定要寫下來,因為人是健忘的動物,不寫下來轉身很快就忘了。」自從有了固定的會議,舉凡空間清潔、服務工具和器材準備,再也不需又仕操心。

取消關注，將焦點放在自己身上

美容美體產業不僅在現實世界中相當競爭，這股風氣也燒到虛擬的網路世界，臉書、IG 甚至抖音，都成了美業店家的兵家必爭之地，許多創業者認為有了網路關注度，也必能為店面帶來人潮。又仕也有開設臉書和 Instagram 為自己的服務宣傳，「又蒔－花蓮皮膚管理 x 掏耳師培訓」粉絲專頁貼文頻率不高，但每一則貼文、影片都能看出巧思。又仕說：「以影片而言，我們會希望一直有新的形象或宣傳影片讓別人知道我們的改變，因此會一直推陳出新。」

一開始又仕也很關注競爭對手的粉絲成長速度以及貼文內容，但時間久了，她發現粉絲成長程度如果沒有反映在實際預約人數上，似乎對店裡的營運沒有太大幫助。因此後來她取消關注競爭對手的社群媒體，這讓她更能靜下心思考，內心不會充滿各種雜音，反而有更多時間和心力聚焦在自己的服務上。

對於網路行銷，她觀察到有些店家會以付費的方式，請網紅分享服務體驗，她認為這種做法在創業初期可行，但如果到了創業中後期，仍缺乏消費者真實體驗，一來可能會讓消費者對於品牌缺乏信任，二來也會讓店家失去消費者真實反饋而沒有機會優化產品和服務。

不強迫推銷，與客戶建立信任關係

　　最初又仕為又蒔尋找定位時，她很快確定自己想要開一間能讓人百分之百放鬆的店，因此又蒔不像部分沙龍，有美容師推銷產品或是鼓勵購買療程的狀況。「我自己很能同理消費者不喜歡被強迫推銷，所以店內消費方式是單堂消費、不包課程。」又仕提到在產品銷售部分，往往都是客人使用後，告訴她皮膚改善很多，希望多了解這項產品才會主動介紹。同時她也鼓勵客人如果有適合自己的其他品牌產品，也能在其他地方購買，若是不確定自己想購買的產品，成分需求是否適合膚質，也能將產品拍照告訴她，由她協助判斷。

　　在又蒔，又仕像是個體貼又親切的鄰家女孩，總能將客人的感受放在第一位，無形中也讓她累積不少忠實顧客。前不久有個擔任空服員的女孩來諮詢痘痘、泛紅的肌膚問題，因為女孩以前嘗試傳統美容感受不佳，所以來諮詢時，很怕嘗試新的保養方式。但數次課程後女孩的皮膚開始有了明顯的改變，又仕也會鼓勵她、協助她建立信心，有一次又仕向女孩說明皮膚目前的狀況，以及需要做的調整，女孩直接笑著對又仕說：「好啦！我們趕快開始吧！我哪一次不聽妳的話呢！」催促又仕盡快為她服務。女孩的反應讓又仕倍感信心，她相信只要站在顧客的角度思考，幫助她們改善肌膚問題，自然就能建立與顧客間的信任關係。

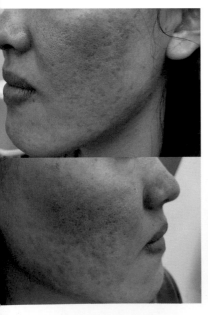
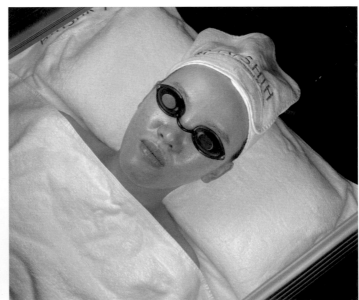

掏耳服務拓展兒童客群

　　一般而言，美容業的客群都是以成人為主，但在又蒔，可愛的小朋友也是主力客群之一，又仕分享曾經有個三歲多的小朋友，因為耳朵不舒服去看醫生，但小朋友到了診所，醫生一碰到耳朵就會大哭，醫生完全沒轍，只好建議媽媽帶小朋友去找專門掏耳朵的店家處理。媽媽帶小朋友來又蒔時，一開始小朋友非常緊張害怕不太願意配合，因為又仕過去擔任牙醫助理的經驗，知道如何能讓小朋友感到安心，她用親切的態度一一向小朋友介紹掏耳朵需要用到的工具，讓小朋友清楚明白掏耳朵是什麼，不到短短五分鐘，小朋友完全沒有任何抗拒輕鬆結束掏耳，媽媽在旁觀看時也非常訝異。又仕笑說：「不知道是不是這個媽媽口耳相傳的原因，那一陣子我多了好多小朋友顧客呢！」

圖左一｜顧客第一次前來諮詢的膚況
圖左二｜經過幾次課程後，顧客皮膚趨於穩定

圖右｜又仕對小孩相當有一套，不少小朋友非常喜歡掏耳朵的服務

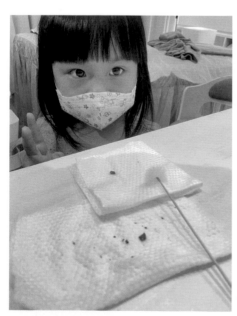

做中學，
開拓視野找到屬於自己的方向

　　因為父母離異的關係，成長過程中，又仕大半時間都靠自己慢慢探索未來，尋找興趣和培養能力，儘管考大學時，她也曾經相當徬徨，不知道自己適合什麼、該讀什麼樣的科系，但她在大學期間擔任牙醫助理，後來又擔任美語補習班老師並在中國投資藥店，這些經驗無形中幫助她奠基創業的各種能力。

　　回顧近十年的工作歷程，對於又仕而言，沒有任何經驗是白費的，這些一點一滴的努力為她鋪出一條康莊大道，讓路走得更遠更長。又仕表示：「高中的時候老師總會說人要設定目標，當時的我一直不知道該如何設定目標，隨著年紀增長，我發現踏入社會開始有工作經驗，能幫助你發現自己擅長和有興趣的事物，也能幫助你設定人生目標及規劃職涯。」又仕鼓勵未來想從事美容業的人，能先從有興趣的工作中開始一邊做一邊學，當接觸到的事物越多，視野也會變得開闊，思考的層面和角度會更遠且更多元。從過去擔任牙助到現在成為「又蒔」創辦人，又仕認為想要成功，必須要將看似不起眼的小事，堅持且努力做到極致，一旦熟練這項專業，才能運用更多的創意思維，做出無可取代的服務價值。

經 營 者 語 錄

過去的經歷都是成長的養分，
努力一定有所收穫，善用自己的優點、
學會放大檢視自己的缺點。
自我檢討，從自己開始做起，
相信越努力越幸運。
I am just being a sponge
and learning as much as I can.

又蒔
花蓮皮膚管理 x 掏耳師培訓

店家地址
花蓮縣花蓮市中山路 258 號 3 樓

聯絡電話
0975 607 996

Facebook
又蒔·花蓮皮膚管理 x 掏耳師培訓

Instagram
@yushih_ears

維珍娜時尚概念美學

Regina Beauty Salon

享譽台南、座落於古色古香大安平區的「維珍娜時尚概念美學」（以下簡稱維珍娜），近年以熱蠟除毛服務，在台南打下大片江山，維珍娜非常注重除毛隱私及衛生環境，在二樓規劃兩間獨立寬敞、各具淋浴空間的電子門禁熱蠟服務美容室，打造出無可比擬的芳療熱蠟除毛美體服務；一樓則規劃出四間舒適清新、具隱私性又半開放的獨立美睫美容個人空間。

創辦人林珍誼和丈夫沈于松，擁有豐富的熱蠟除毛、護膚美容、美睫、霧眉等美容美體經驗，他們於 2016 年成立工作室、2017 年擴大營業，將店面搬移到安平區民權路上，短短幾年間，維珍娜已成為台南首屈一指的美容美體沙龍品牌；2022 年林珍誼更受邀成為義大利 Italwax 義朵熱蠟的台灣區教育講師。

熱蠟除毛解決難纏的私密處問題

　　談起熱蠟除毛的種種好處，珍誼難掩心中熱情，「早期台灣並不了解私密部位熱蠟除毛的優點，因此談起這個除毛方式都特別害羞，有些接受熱蠟除毛的人，若被周遭朋友知道，還會被取笑說變成『白虎』。但熱蠟除毛其實非常健康，我鼓勵所有女性都可以嘗試看看，就會發現擁有清爽的私密處能為身體和生活帶來多少好處。」

　　維珍娜招牌項目「低溫科技熱蠟除毛」，顧名思義是將蠟加熱融化，塗抹在皮膚表層，利用熱蠟溫度放鬆毛孔的特性，將毛髮輕鬆地連根拔除，不會有拉扯皮膚和殘餘黑頭等一般除毛方式會帶來的問題，而且能有效地去角質。熱蠟除毛不僅能溫和地除去多餘毛髮，透過多次的定期除毛，最終能讓毛髮難再生長；通常一個月需進行一次，連續八次，才能真正破壞毛髮生長，創造卓越的減毛效果。

　　由於熱蠟除毛相當溫和，許多女性顧客將其應用在私密處上，台灣夏季氣溫屢屢突破新高，讓人備感困擾，尤其台灣氣候偏向濕熱型態，許多人都曾因為天氣潮濕而有私密處發癢、異味等問題。在歐美已成為日常保養習慣的熱蠟除毛，於這幾年努力推廣下也讓台灣人慢慢接受。

圖左上｜Italwax 義朵熱蠟結合歐式木棒私密處除毛技法開班授課
圖左下｜NUNU 睫毛管理的商機和美麗讓眾多學員前來學習
圖右｜維珍娜時尚概念美學創辦人林珍誼

見證各種感人故事，
立誓推廣熱蠟除毛

珍誼回憶自己大學時期因為長年有私密處毛髮困擾，求助醫美施打雷射除毛，但當時皮膚科醫生說陰唇部位不做施打，並且施打後有黑頭殘留，後續則沒有繼續使用此方式。經過朋友介紹熱蠟除毛，雖然自己本身非常怕痛，但忍痛體驗後初次摸到嬌嫩光滑的私密處便感到非常驚艷，並且如廁後私密處乾淨的令人感動。回家後心裡想著：「我這麼怕痛的人，也願意做第二次，那麼熱蠟除毛是有市場的。」於是，珍誼開始投入學習，立誓要讓客戶體驗舒適的熱蠟除毛服務。

開始練習熱蠟除毛後，珍誼遇到兩位令她至今仍難以忘懷的案例。有個高中女孩因毛髮濃密，夏天又常去健身房運動，導致私密處有很多分泌物，當時珍誼服務女孩，打開浴巾時相當震驚，因為女孩的私密處毛髮充滿結塊、無法梳開，女孩也表示已嘗試過洗髮精、潤絲但都毫無成效，也不敢

自行修剪，怕長出來的毛髮會變得更刺，只好尋求珍誼的協助；另一個顧客則因私密處分泌物問題，長期使用婦產科藥物，洗澡後會吹乾私密毛髮，也有在吃保健食品，但症狀完全沒有好轉跡象，醫生便建議女孩做熱蠟除毛。兩個女孩都表示，接受熱蠟除毛服務後，不僅分泌物消失得無影無蹤，也讓女性私密問題大幅改善，生活品質提升不少。

其實施作熱蠟除毛技術，對於熱蠟師是相當耗費體力的事，但珍誼見證許多人藉此服務改善了生活品質也告別難纏的私密處問題，讓她下定決心要將熱蠟除毛推廣給更多人知道。早自 2016 年起，她就著手規劃獨立包廂和淋浴設備，更率先引進「義朵科技蠟」，希望讓更多人在兼具衛生和隱私的空間中，享受低溫熱蠟除毛帶來的好處。至今珍誼仍持續精進熱蠟服務的技術，並出任義大利「義朵熱蠟」的台灣區品牌教育講師，為熱蠟除毛的推廣與人才培育付出心力。

圖左｜維珍娜舒適且乾淨的空間，讓顧客能安心地享受服務
圖右｜溫和的熱蠟除毛近年在台灣引起風潮，即使是孕婦媽咪也相當適合做私密處除毛

REGINA

寵愛孕媽咪私密處除毛

ITALWAX
義朵芳療熱蠟
SPA私密除毛
體驗價

indulge in premium
spa waxing experiences

今天就展開體驗

邀請您體驗芳療熱蠟spa
服務,沈浸在舒壓的香氛保養與
溫柔的熱蠟儀式,全然放鬆身心靈

私密芳療熱蠟服務

專屬私密熱蠟服務
享有敷膜帶來的深層保
以及保濕精華肩頸按摩

即刻體驗

憑藉口碑行銷，在競爭的美容市場殺出重圍

　　在眾多行銷方式和行銷戰場中，珍誼認為口碑行銷最為重要。口碑行銷不僅具高信任度、成本低廉，也能幫助品牌找到有相近消費趨向、偏好的顧客，在這溝通手段與途徑無限的時代中，藉由影響顧客群中的意見領袖，品牌知名度便會以幾何級數的增長速度傳播，為沙龍帶來人潮。

　　究竟維珍娜熱蠟除毛是如何在台南掀起熱潮呢？起因是一位女大學生，在維珍娜體驗熱蠟除毛後，發現除毛後帶來的方便，她也相當認同珍誼推廣的健康觀念，便在知名論壇寫下自己的體驗，並主動推薦店家。此契機讓維珍娜知名度大開，許多人紛紛開始預約，也帶動台南熱蠟除毛的討論度，店裡業績更是迅速攀升。

　　儘管維珍娜科技蠟除毛定價比坊間價格高，眾多顧客仍因維珍娜消毒上的周全度、除毛服務技術的細膩度、義朵科技蠟品的低溫感受，趨之若鶩預約熱蠟除毛。

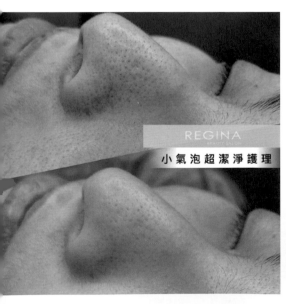 

圖｜顧客體驗過維珍娜的精緻服務後，不吝留下五星好評，推薦給更多人

「來我們這裡消費的客戶有幾個共同特質，像是怕痛、怕燙、容易緊張、注重隱私與衛生等等，顧客自行做了很多功課，或經朋友推薦後將維珍娜視為首選。珍誼表示，維珍娜的器具消毒做得非常到位，並堅持「木棒不回鍋」，沒有任何衛生疑慮，尤其採用低溫的義朵科技蠟，讓許多消費者比較後，最終仍選擇在維珍娜接受服務，畢竟隱私、衛生、低溫舒適不是所有店家都能同時提供的。

一般而言，美容美體器具消毒有常見的四種方法：高壓蒸氣滅菌法、紫外線消毒法、煮沸法及酒精消毒法。其中高壓蒸氣滅菌法不僅對環境友善，也是最有效殺死細菌、芽孢的方法，所以珍誼堅持使用醫院跟診所常見的高壓蒸氣滅菌法消毒器具。事實上，珍誼認為美容美體沙龍若乾淨衛生、技術純熟，再搭配口碑行銷，不需購買昂貴的社群媒體廣告就能有不錯的業績。

維珍娜會提供來店消費、打卡的小禮物，若消費者留下五星好評、打卡或社群分享等截圖，也會大方給予回饋，因為顧客肯留下好評是需要感激的，因此珍誼也一直教育員工，要細心體貼的服務顧客，讓顧客享受高質感的服務品質，自然顧客會留下評價或介紹親友。

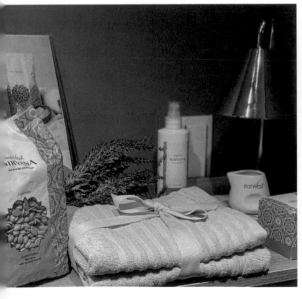
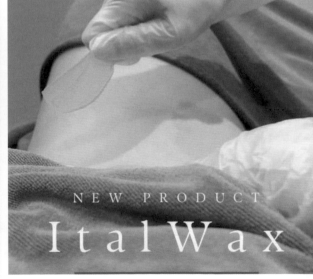

圖｜低溫科技熱蠟除毛讓女性能在夏天避免私密處發癢、異味等問題

NUNU 睫毛管理改善睫毛倒插與下垂問題

雖說珍誼已有八年嫁接睫毛的資歷，但對 NUNU 睫毛管理卻瘋狂的熱愛，珍誼在 2020 年受邀擔任韓國 NUNU 台灣區品牌教育講師，除了熱蠟除毛服務外，珍誼也針對睫毛養護捲翹等問題投入研究， 提供顧客對於睫毛有效的解決對策與更高價值的服務，而不局限於普遍的接睫毛服務。NUNU 睫毛管理使用新式的睫毛技法 (Lash lift)，研究並發展使用精華液打造乾淨收尾的技術，且向國內外發揚傳播，以及最先開展了睫毛捲翹技術 (提拉矯正) 之專業教育。

又翹又長的睫毛是不少女生的夢想，女生化妝時總為了夾翹睫毛花費不少時間，但除了化妝，有些人則飽受睫毛倒插、下垂的困擾。睫毛倒插導致每眨眼就痛一次，這些族群只希望自己能擁有「翹睫毛」。正常的睫毛是向上 30 度生長，若有下垂問題往內生長碰觸到眼球，就是典型的「睫毛倒插」。睫毛倒插看似只是個小問題，但卻會讓人眼睛有異物感，時間久了還會出現流淚、眼白充血以及分泌物變多、甚至視力模糊等狀況，嚴重影響生活品質。

「有位女士長期飽受睫毛倒插之苦，每個月都需要去眼科拔掉整排的下睫毛，這讓他苦不堪言，女兒想幫媽媽解決這個煩惱，便預約了 NUNU 睫毛管理。母親嘗試後非常開心，睫毛的毛流回到正常位置，也不需要忍受每個月到診所拔睫毛的痛苦。」珍誼提醒，睫毛看似微不足道，但若是長期忽略自己睫毛倒插的問題，這些倒插到眼球的睫毛，就會如同掃帚，持續不停地摩擦眼球表面，時間一久，可能造成角膜上皮損傷、甚至形成潰瘍，因此絕不能輕忽。

礙於台灣的燙睫毛法規，珍誼不停地在國內外尋找，總算找到韓國「NUNUSHOP 睫毛管理翹睫術」，這項技術能有效地改善睫毛原本歪斜、亂岔的毛流，加上產品經過食藥署檢驗不含燙劑，並登記於衛生署化妝品平台，能幫助顧客做出睫毛上揚的弧度，解決睫毛倒插的困擾。「NUNUSHOP 睫毛管理」因為有專利的模具加上專利的保養成分，不僅能呈現美麗捲翹的睫毛狀態，也能幫助睫毛補充需要的營養，讓睫毛更亮麗，因為這項特點，有些顧客也會以此作為睫毛的保養方法。另外，值得一提的是，有些顧客發現自己無論接上任何款式的睫毛，都會遮蓋住視線，甚至視覺上眼睛還變小了，其實最大的原因不是歸咎於美容師接睫毛的技術，而是顧客本身睫毛的毛流下垂。珍誼建議，若有睫毛下垂的問題，應該要在接睫毛前，先做睫毛管理讓睫毛往上翹，才能讓眼睛變得更大、更好看。

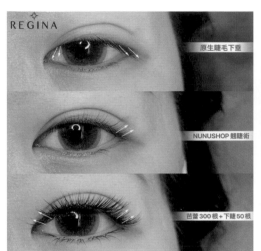

圖上｜NUNUSHOP 睫毛管理翹睫術能有效地改善睫毛原本歪斜、亂岔的毛流
圖下｜NUNU 睫毛管理使用新式的睫毛技法（Lash lift），同時能幫助睫毛補充需要的營養

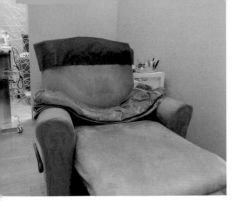

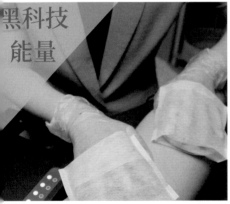

黑科技
能量

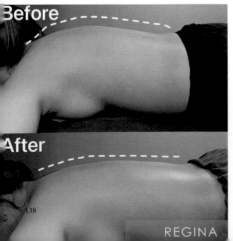

Before

After

科技助攻，
達到徒手按摩無法做到的效果

近年由於疫情導致許多人因擔憂而有肩頸緊繃、頭暈頭痛的問題，顧客紛紛詢問維珍娜，是否可增加美體課程？於是珍誼開始尋找適合且能讓技術者輕鬆操作的按摩工具、加強按摩深度。終於，維珍娜今年引進黑科技「天使儀」，能以每秒百萬的高速振動，刺激神經進行長距、深層的按摩效果。換句話說，天使儀是使用能量與震動的方式，透過儀器加深按摩深度與力道，在短短 60 分鐘內可立即感受到身體的舒適度。

珍誼表示，過往沙龍也曾引進體雕儀器或體刷，但如果以吸、按、推的方式按摩身體，往往會有瘀青、出痧的狀況，女生在夏天穿短褲或小背心也不好看。轉換使用「天使儀」按摩後，不僅能解決顧客的問題、過程中比較不會痛，效果也比徒手按摩更好。天使儀是目前美業市場前所未有的新技術，也是偉大的發明，「在生活中，我們經常因為工作或生活帶來的壓力而感到疲憊不堪、肩頸僵硬，自從體驗過天使儀之後，它幫我解決了長久以來的困擾，放鬆我緊繃好久的背部及肩頸，終於讓我感受到什麼叫做深層按摩。」珍誼呼籲不管男性女性，一定要去正視身體給我們的警訊，要適時的放鬆自己疲憊的身心靈。

圖左｜維珍娜美體課程受到許多消費者的喜愛，能在療癒的空間中，享受「天使儀」立即有感的按摩

圖右｜誠意十足的 90 分鐘美胸課程，廣受消費者好評

美胸美型

此外，珍誼認為美容美體沙龍不能只幫顧客變美，更要使顧客變健康；唯有健康，人們才有機會改善生活品質。因此她在構思服務項目時，總是以整體的角度出發，思考改善顧客身體的方法，因此，維珍娜的按摩並不僅限於筋絡舒壓。珍誼認為女性也能嘗試按摩胸部，因為按摩胸部不僅能保養胸部，也能達到身心減壓、放鬆的作用。

珍誼育有一女，為人母後深刻感受保養胸部的重要性，胸部保養與自信度成正比，女性胸部若阻塞，會導致脾氣不佳和身體疾病，因此維珍娜引進專業美胸律動儀器，提供懶人保養運動，打造出誠意十足的美胸課程，廣受好評。

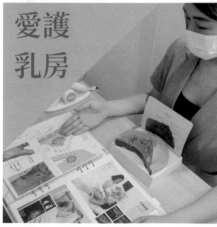

「我一直都有胸悶問題，自懷孕和哺乳期間，我發現胸部按摩能有效改善長年呼吸不順的困擾，因此去進修這項課程，想要推廣給每位女性，希望來我們店的客人，都可以透過美胸按摩放鬆身心靈。」接觸許多客戶體驗美胸按摩後身心靈的提升案例，珍誼推薦女性要常按摩胸部，「除了自我居家檢查，定期來沙龍做專業手技按摩，結合專業美胸律動儀器，按完後女性胸部不僅變得更柔軟，也能幫助婦女大大小小的問題。在現代，胸部保養是大勢所趨，就跟健康檢查一樣重要，除了保養之外一定要好好放鬆自己的情緒，好好愛自己。」以上是珍誼親身體驗後的心得，珍誼也呼籲女性一定要重視自己的胸部健康，健康美麗同時收穫。

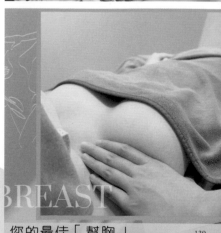

BREAST

您的最佳「幫胸」
給予您的胸部 最溫柔的呵護

座落在台南的白色絕美教育中心

　　維珍娜時尚概念美學在今年成立了教育中心，近年來，珍誼致力於推廣教學、教育，客戶皆已交給旗下的資深老師服務，自己則退居幕後管理。教育中心以木質調與靜謐白色空間迎接每一位來此的學生，明亮乾淨的教學環境，讓學生更能靜心學習。

　　教育中心期望將義朵熱蠟「歐式木棒私密處除毛技術」快速無痛的優勢，推廣給更多台灣女性，解決她們長期困擾的私密處問題，並將睫毛的毛流管理、接睫毛、美胸、美容、行銷創業等知識與實作手法，教導給更多人。

　　珍誼認為教學時，說話需要非常用力，才能幫助學生記憶重點，且需抑揚頓挫，幫助學生吸收；講師也要隨時專注聆聽學生的問題、眼睛更要時刻注意學生手法是否正確，即時矯正。總之，教學是件非常燒腦的工作，但能把學生從懵懂的學子，教導為技術高超的老師，並且輔導行銷與創業成功，是珍誼覺得非常有福氣的事，「其實教學比做客人還累，但我很享受教學的過程。」珍誼笑著說。

　　現在教學市場競爭嗎？珍誼表示，不怕教學競爭，因為美業教學比比皆是，她到現在仍持續進修學習，十年來花的進修費用也將近百萬，收學生與做客戶一樣，靠的都是緣分與磁場相吸，若有學生青睞自己前來求學，她必會無私指導。目前教育中心教學的項目有：NUNU 睫毛管理、義朵熱蠟除毛、清粉刺、美體、嫁接睫毛。

真心誠意的待客之道

　　顧客除了對服務品質讚譽有加，也非常喜愛維珍娜店裡的歡樂氣氛，有時即使顧客沒有預約療程，也會帶著飲料、蛋糕等小點心，送往店裡探班。珍誼表示，她不喜歡冷冰冰的服務，很多時候客戶來到沙龍，除了服務的需求，更多時候是希望感受關心，「我認為真心誠意將顧客當作朋友和家人，顧客也會有所感受，這也是為什麼我們店裡常常充滿歡笑，我常教育老師，要多花心思觀察顧客需求，適時給予建議與關懷，我想這也是顧客覺得我們很細心的地方。」同時，珍誼也提醒員工，要學習觀察顧客的表情和肢體語言，有些顧客不喜歡美容師提供太多的建議和想法，只希望單純接受療程，因此在與顧客談話時，不要過度表達自己的看法與建議，這會讓顧客更自在。目前，維珍娜有近三百則的五星好評，不僅透露出美容師的服務品質相當穩定，也能看出顧客對於維珍娜的滿意程度。

　　儘管顧客的每個評價對於沙龍而言都相當重要，但珍誼也會告訴員工，如果自己出於善良的動機，好心地給予顧客建議；或是溝通不當，顧客不諒解，而留下不好的評價，也不用太過放在心上，只要適時地思考下次是否還有能調整的地方，做出改善即可，別讓評價影響工作的好心情。

圖左｜維珍娜今年成立教學中心，教導美容美體知識、實作手法，以及創業心法
圖右｜維珍娜附贈的可愛小提袋

管理員工心法：與員工保持距離的重要性

目前維珍娜共有六位美容師，如何有效地管理員工，曾經讓珍誼傷透了腦筋。過去珍誼和員工相處的模式較像朋友、缺乏距離，但她發現以這種模式領導團隊，會讓員工失去該有的界線，無法遵從公司發展的策略與目標，進而導致後續一連串管理上的問題。

為了更有效地管理員工，珍誼開始學習企業管理的技巧，並與員工保持距離，且訂下清楚的標準作業程序，讓員工明白工作中的每個環節、細節，以確保遵守所有規定，避免服務上的作業疏失。

珍誼描述自己對待員工較為嚴格，尤其美業可謂是服務業，相當講究禮貌與待客之道，因此她要求員工要習慣說「不好意思」、「謝謝」、「對不起」，且真心誠意地帶著笑容與顧客溝通。珍誼認為這些禮儀是技術之外，更值得重視的部分。

在維珍娜，新到職的員工只有一個月的試用期，這個月中，身為執行長的珍誼，會手把手地陪伴新人完成所有的教育訓練。珍誼說：「新人在初期學習服務流程和方法，犯錯是難免的，我不怕新人犯錯，但我認為員工也必須養成堅強的心理素質，不要擔心被指出缺點和錯誤，也不要因為犯錯就再也不敢嘗試，這是我比較看重的地方。」

曾經有位員工在學習一門技術時，嘗試多次卻依然不正確，過程中珍誼不停地教學、改正員工的手法，但幾次後這名員工還是告訴珍誼，他無法忍受自己再出錯，儘管珍誼對此感到非常的心疼，但她也認為想要從事美業工作，不能有玻璃心，只有能夠忍受批評、忍受挫折的人，才能在美業闖出屬於自己的一片天。

　　由於珍誼是位八年級生，年輕就創業有成，有時會遇到較年長的員工質疑決策，因此她努力打造健康和諧的工作環境，希望員工都能專注於工作。在維珍娜，她開宗明義要求員工，嚴禁在背後說同事的壞話、耍心機、勾心鬥角，她也不接受員工投訴其他同事，希望員工把心思放在顧客服務和技術精進，減少其他會令人分心和工作時不愉快的因素。

　　即使珍誼和員工相處有相當明確的界線，但這也不影響員工對珍誼的喜愛，下班後一同吃飯互開玩笑都是常態，如果想經營一家和睦的公司，珍誼認為節日儀式感是必要的，所以每年互送生日禮物、節慶聚餐、員工旅遊，都是不可省略的。珍誼再次強調：「我認為只有在彼此都明瞭自己的角色、定位和任務時，才能讓公司的營運有更良善的發展。」

圖｜維珍娜時尚概念美學專業的美容師團隊

professional team

FROM THE REGINA SALON

取之於社會，用之於社會

詢問珍誼，當工作遇到瓶頸或無力時，該如何幫自己充電？珍誼回答：「某次感到無力時，我捐了好幾包狗糧給流浪動物團體，當下感到非常快樂，我真心建議，除了努力工作、創業外，也要多多行善；行善會帶來正能量，也讓自己比較不會因為挫折而感到焦慮。」目前維珍娜也定期提撥 1% 盈餘，給弱勢婦女團體或流浪動物團體，在工作之餘，珍誼也會尋找台灣是否有需要幫助的弱勢族群，希望盡一己之力，解除他人的生活困難，並回饋於社會。

從決心創業到今日，維珍娜無疑已成為台南許多人口耳相傳的優質品牌，珍誼相當感恩顧客的支持，她說：「每個美業創業者的事業成就，很大因素來自於社會大眾的支持，當事業有成時，創業者也要提醒自己，必須做到取之於社會，用之於社會。」除此之外，珍誼也提醒忙碌於創業，並同時需要兼顧家庭的職業婦女，每週起碼要為自己留下一天的時間，好好地與自己獨處，無論是一個人喝咖啡，逛街散步也好，獨處的時間能讓自己在緊湊的工作步調中，稍稍獲得休息，更具元氣迎接未來的挑戰。

規劃版圖，台北和台中拓展據點，
協助美容師打造事業

許多美容師苦於缺乏管理和行銷能力，不知如何拓展業務，珍誼非常樂於分享自己多年累積的經驗及 know-how，未來維珍娜規劃在台北和台中拓展據點，珍誼也相當歡迎有熱情的人與她合作。珍誼表示，合作方式會以加盟為主，她觀察到有些美容師雖有優秀技術，但因不知道如何做教育訓練、員工管理和企業營運，因此員工容易流失，所有的事情也得一肩扛下，「我希望藉由加盟的策略，補足美容師不擅長的部分，也能分享各種行銷資源、並協助管理員工，與志同道的經營者一同開創版圖，就不會孤單了。」珍誼表示。

圖｜維珍娜非常注重除毛隱私及衛生環境，每個角落都散發頂級質感

美容初心者和創業者
該具備什麼樣的思維

　　許多人抱怨薪水跟不上物價上漲的速度，因此萌生學習美容的想法，希望帶來更多收入，同時他們也擔心，不知道該如何開始。「不嘗試怎麼知道適不適合自己？」是珍誼最常說的一句話，她鼓勵初心者，永遠不要害怕失敗或不適合自己，技術雖然像魔法般變化無窮，但唯有「開始」，才知道自己適合走什麼路線。

　　珍誼認為如果想以私密處除毛作為創業項目，初期大概只需要十萬，也能用自家的小房間作為工作室，省下承租店面的租金，創業並沒有想像中的艱難。珍誼表示：「學習美容最重要的是，先挑選出最感興趣的項目，因為『好奇心』是從事美業能待久的條件之一。」

　　另外，許多人都相當煩惱不知道如何累積顧客，珍誼建議，創業者能以口碑行銷為主，因為沒有任何行銷方式，比得上有人直接跟你介紹那樣的命中人心。創業者在服務過程中，若能花點心思觀察客戶，並不吝嗇給予介紹者回饋，相信顧客口耳相傳的力量，必能為創業者建立良好的基礎，在美業中開啟屬於自己的康莊大道。

　　二十多歲就踏上創業之旅的珍誼，這一路走來儘管並非事事都順利，但每一個挫折都成為珍誼壯大事業的養分之一。或許創業這個職涯選項並非適合所有人，但若是能給自己一次機會嘗試、做好風險管理，創業能成為你翻轉人生最好的決定之一。

經 營 者 語 錄

勇於挑戰,勇於訂正錯誤,
最終經歷會為你帶來鮮甜的果實。

維珍娜時尚概念美學
Regina Beauty Salon

店家地址
台南市安平區民權路四段 381-2 號

聯絡電話
0908 168 335

官方網站
https://www.regina-salon.com/

Facebook
Regina 維珍娜美學沙龍館

Instagram
@nunu_taiwan_regina

服務項目
美睫、霧眉、美容美體、美胸、NUNU 睫毛管理、熱蠟除毛

If one day time machines became a reality,
I would travel back to 1991 to meet my father
who was living his best life in his thirties and tell him that

安柏特美學館

Amber Aesthetics

職人精神
將臉部美容
做到極致

很多人都有給美容師擠痘痘、清粉刺的經驗，過程中不僅萬般疼痛，甚至療程結束後整張臉通紅不已。在坊間，許多美容師在清粉刺跟痘痘時，由於技術不夠純熟，有時會讓顧客的肌膚變得刺激又敏感，痘痘反而更加猖狂。儘管許多美容師都會告訴顧客，清完痘痘、粉刺的肌膚，變得敏感和紅腫相當正常，但在台灣仍有少部分的美容師，她們掌握無痛清粉刺和痘痘的技術，為顧客重新找回健康的肌膚狀態。

桃園市中壢區的「安柏特美學館」創辦人巫雅婷（Amber）即是少數，擁有無痛手工清粉刺技術的美容師之一，2013 年創業以來，她因為技術優秀，不僅累積許多忠實顧客，更有許多人詢問她是否願意開課教學。

踏入美容領域，學習專業手法

　　Amber 大學時就讀管理相關學系，畢業後，她擔任自動化科技設備廠的業務，儘管工作上得心應手，但她內心仍懷抱一個創業夢想，希望有朝一日能為自己開創一番事業，不用過著朝九晚五、替人工作的生活。一開始，Amber 對於創業這件事並沒有太多想法，直到偶然間發現同事的皮膚非常好、妝容也很細緻，經過詢問，同事便介紹她去一間位在桃園的美容館做臉。

　　當時 Amber 的皮膚有粉刺和內包型痘痘問題，上妝時妝容也不服貼，因此她便聽從同事的建議，嘗試手工挑粉刺和痘痘的療程。Amber 體驗後非常驚訝，因為過程中完全不會痛、非常舒服，經過幾次療程後，她的皮膚狀態也變得相當好。由於店家離 Amber 住處較遠，於是她嘗試在其他的美容館保養皮膚，可 Amber 發現新的美容館以機器清理粉刺，不僅修復期長，皮膚狀態也不如自己之前嘗試手工清粉刺那樣的好，這才讓她發現，原來手工無痛清粉刺是一項少有人會的技術，也在她心中埋下想要學習這門技術的種子。

圖｜安柏特美學館位於桃園市中壢區，環境明亮、整潔

踏入美容領域，學習專業手法

　　發現手工無痛清粉刺的特別之處後，Amber 決定詢問同事推薦的店家，是否願意教學，同時也下定決心離開原本的正職工作，專心地學習這門技術。當時，由於大部分的美容老師認為，清粉刺算是侵入性的美容方式，有較多考量，無法全然地教授給學生，因此 Amber 只好亦步亦趨跟在老師身旁，仔細地觀察手法及顧客的皮膚狀態，並一一記在心中。「當時我一心想要學習這門技術，即使學習過程中沒有任何收入，我也心無旁鶩地花了一年半的時間，希望穩扎穩打將這門技術練習到純熟，再開始創業。」Amber 表示，儘管當時店家的教學方式，並不完全符合自己的期待，但 Amber 也因為這一年半的時間，從一個美容領域的外行人，晉升成能夠一窺專業手法的菜鳥美容師，她像是一塊海綿，努力學習這個產業的各種知識。

　　Amber 認為，只要自己能掌握這門技術的精髓並做到極致，將來就能創業發展出屬於自己的風格，「創業過程中的貴人，就是帶我進來這個產業的老師，少了他，我也沒辦法認識這門技術，而且老師在我的創業初期時常協助我，並給予很多有用的建議和想法。」

圖｜無痛清粉刺這門技術需要美容師長時間、耐心地學習

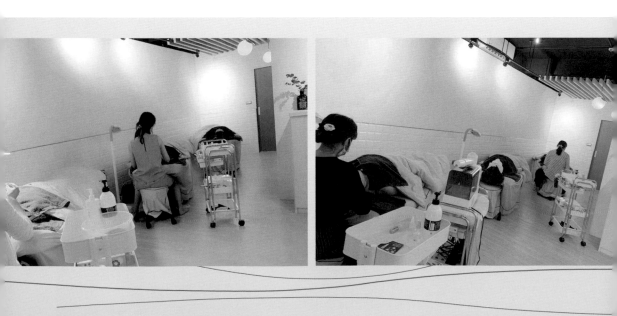

一年服務上千人，技術更加純熟

2013 年 Amber 成立「安柏特美學館」正式開始了自己的創業之路，最初的客源都是自己的親戚朋友，但當碰到皮膚問題較為複雜的客人，她往往會誠實地告訴他們，自己的經驗尚不足夠，只能請老師來幫忙處理。經營了一段時間後，2014 年 Amber 開始使用社群媒體做行銷宣傳，當時社群媒體的熱度正在起飛、廣告費也相當便宜，越來越多人來店裡詢問，這段時期因為眾多的客人上門，也讓 Amber 的無痛手工清粉刺技術變得更加純熟，「當時我一天能接 13 個客人，一年算下來有上千個客人，這讓我的技術變得更好，尤其當時許多客人都是男生，有些男生因為缺乏保養觀念，痘痘問題非常嚴重，我從幫他們清痘痘的過程中，學習到各種問題肌膚的解決方法。」Amber 表示。

以往美容沙龍的主要客源都是以女性為主，但在創業初期，卻有許多男性到 Amber 店裡消費，這究竟是什麼原因呢？Amber 笑說：「之前曾有個會看風水的客人，看了店面後告訴我：『這間店的桃花很旺，有可能會為你們帶來很多男性顧客。』我也不知道是不是風水的原因，但當時確實有很多男性客人前來消費，也讓我有機會，從中學習處理男性的皮膚問題。」

圖｜許多顧客都以為清粉刺、清痘痘一定會很痛，但經過 Amber 處理過後，顧客才發現原來有完全不會疼痛的療程

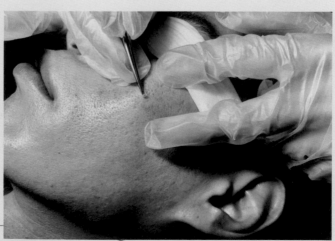

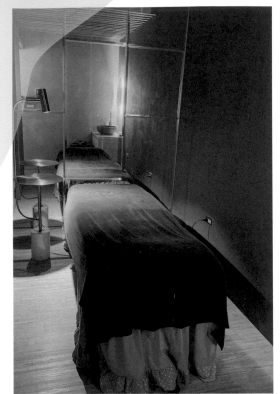

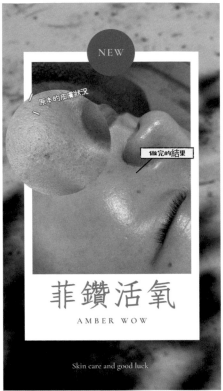

原本的皮膚狀況

做完的結果

NEW

菲鑽活氧
AMBER WOW

Skin care and good luck

圖上｜
「菲鑽活氧課程」結合 Amber 擅長的手挑深層內包粉刺技術，並搭配機器，有相當顯著的護理效果
圖下｜
在創業這條路上，唯有保持正面、積極、樂觀的信念，才能在過程中堅持下去

手工為主機器為輔的「菲鑽活氧課程」

後來 Amber 將店面搬遷到桃園市中壢區的中豐路上，安柏特因為有其他美容沙龍少見的手工無痛清粉刺技術，再加上儀器輔助，讓 Amber 迅速地累積許多忠誠客戶。「菲鑽活氧課程」的特點是「1+1>2」，結合 Amber 擅長的手挑粉刺技術，並利用機器輔助，能達到其他美容沙龍無法提供的護理效果。Amber 認為，如果本身肌膚沒有太大問題的人，單單使用機器清理粉刺，或許就綽綽有餘了，但對於有很多粉刺、痘痘問題的人而言，只用機器是遠遠不足的，有些痘痘非常棘手，還是得要靠美容師的功力來清除這些惹人厭的不速之客。客人在每次療程後，都能感受到肌膚的改變，也讓許多人願意在週末休息時間，遠從基隆、新竹和台中等縣市來到安柏特，接受「菲鑽活氧課程」。

手工清粉刺在儀器推陳出新的美業市場中，仍是一個無可取代的重要技能，在創業的路上，Amber 總期許自己能藉由這項專業，將臉部護膚做到極致，為顧客解決皮膚的各種疑難雜症。

創業者需具備正向思維

現在政府和民間都推出許多不同領域的職業培訓課程，從美業、餐飲、資訊、寵物到電商，職業訓練課程一應俱全，對於有心轉換跑道的人來說，能粗略地了解不同職業的內容，但課程結業、學員考完相關證照後，有些人仍無法下定決心依照原本的計劃轉換行業甚至創業，這中間的落差究竟從何而來呢？

Amber 認為以美容美體產業而言，不管曾經跟哪個老師拜師學藝，如果沒有透過自己實際操作或是實際經營，技術很難變得純熟、專業。因為對於自己的技術有過多的擔憂，有些人碰到小小的挫折或瓶頸時就會萌生退意、甚至直接放棄。Amber 碰過許多學員當初都滿懷熱情的找她學習，但學成後不少學員告訴她：「我覺得我的技術不夠好、我擔心我不行。」等等，最後真正創業的人少之又少。Amber 認為無法從學習技術走向創業的學員，有一部分的原因是他們非常需要有人給予資源或建議、甚至給予信心，才能踏上創業之路。同時，她也發現不是所有人都適合創業，人格特質較為積極、想法比較正面的人才適合創業，也不會因為挫折就萌生退意。

美業市場的競爭，
考驗店家的創意能力

　　現代社會可說是一個「看臉的時代」，人們越來越重視「顏值」，美容、健身、美體等行業蓬勃發展，這個現象深刻驗證美容概念已不只是有錢人或女性的特權，學生、小資族、中老年人、男士都願意花錢美顏。一個行業的興起意味市場的競爭日益激烈，美容美體從業者不再像過去一樣只專注於自己的服務，而需要花更多精神與心力迎接外來的挑戰。

　　Amber 回憶剛開始創業到今日的改變，她認為過去雖然擁有很多客戶，但卻無法留住他們，有可能是因為當時自己不知道要如何根據消費者需求，規劃適合他們的系列課程，才讓消費者無形間就流失了。「以小資族的客戶來說，他們或許會儲值六千元的課程，但六千元的消費使用結束後，要如何留住他們呢？如何讓客戶產生黏著度，相當考驗現今的所有店家，這也是為什麼現在許多店家，需要運用不同的行銷策略、活動，想出各種創意，讓客戶願意留下來。」

　　Amber 觀察到許多客戶，因為網際網路的發達，都會主動尋找店家的行銷活動，再一間一間嘗試，不會因為一開始找到適合自己的，就選擇留下來。因此她認為有心想要從事美容美體工作的人，都應該挖掘屬於自己店家的創意，不需要時時刻刻緊盯競爭對手，造成自己太多的焦慮，要學習在瞬息萬變的環境中，挖掘出更多能讓消費者嚐鮮的服務方式，較有機會使新客人轉變為長期顧客。

圖｜許多消費者在體驗安柏特的療程後紛紛給予好評

FBIG 賴千人回饋分享

之前在台北找都怕踩雷有些價位又很高
不敢亂給人家做臉,在網路上找到你們
的評價都很好!毅然決然從台北跑來中
壢找妳做臉~之前第一次在這邊做粉刺
就覺得非常舒服!這次剛好看到買兩
面膜送一次基礎保養就沒有猶豫直接
下去了!今天來拿面膜直接做基礎保
養~前一天出去玩的臉直接亮起來!只
是基礎保養而已就那麼厲害…怎麼受得

小時的我再來幾次都願意♥

16:29

上次您分享最近很常睡不好!上次我
你做臉完結果你給我驚喜包的概念,做
臉完真的不誇張舒服到睡著,還有個特
別的項目非常舒服,晚上我哄兒子哄到
我直接睡在上

她妳還記得傳給我

我跟你說我老公說我的臉亮五倍

哈哈哈哈

今天上妝很好上

Dear Amber老師♥

我的臉 這麼累為了我的臉還是
自解我清粉刺 不過神力女超人
體也是要顧好的才能繼續拯救
更多更多臉 辛苦你了謝謝

00:38

Amber 我想跟妳分享
因為我覺得實在太有趣了

我男友那天作完臉
上車後 一直說 不痛 很舒服 享受到睡著
第一次做完臉那麼清爽那麼舒服喜歡😄
然後自己說回家要努力好好保養
要我下個月再幫他約

然後我爸聽到我男友的經驗分享後
自己跑到廁所照鏡子
然後跟我和媽媽說下次也做臉
我爸很好奇作臉流程
我跟媽媽就七嘴八

13:52

謝謝安老闆♥真心覺得超讚👍知道您
清粉刺很厲害已經一段時間,礙於路
途有點遠 一直沒預約……超級後悔當初
沒有立馬預約……現在已經完全黏住妳
了……有你的巧手和技術,有信心我的

已讀
13:47   菲鑽完 今天皮膚感覺如何呀

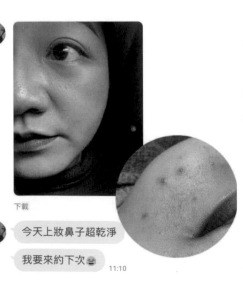

下載

今天上妝鼻子超乾淨

我要來約下次😄

11:10

皮膚摸起來超好摸

會忍不住一直想摸自己的臉 💨
17:17

昨天快發炎的地方加強後也有消一點了
17:18

下載

剩自己手賤摳的
17:21

17:20

忙碌的創業生活也需兼顧家庭

現在，Amber 不只是安柏特的老闆娘，同時也是需要照顧小孩的忙碌媽媽，為了能夠兼顧家庭與工作，Amber 調整了自己的工作時間，一天只在下午時段，接受三至五組客人預約，希望能有更多時間陪伴孩子快樂、健康地成長。Amber 表示：「承接較少的客戶，能將服務做得更細緻，時間也能拉長，相較於同一天接很多客人時，服務品質也變得更好。」

Amber 在家庭和創業中取得完美平衡，她的成功經驗也鼓舞不少女性，讓更多女性知道，兼顧家庭和工作並非是個不可能的目標，若是有心嘗試絕對能做到。「我看過很多女生懷孕生小孩後，就全心全意投入家庭中，但小孩總會有長大的一天，未來孩子長大了，媽媽就會面臨二次就業的問題，有時候如果沒有準備好，這些媽媽到了職場會像一張白紙，面臨更多的職場挑戰而感到挫折。」

為了幫助更多女性能像自己一樣，兼顧家庭並且創業，Amber 計劃未來推出小班制課程，招收幾位像她一樣想在美容護膚領域創業的女性，手把手將技術傳授給他們，並幫助學員了解開店前該有的準備：需要購買的設備、工具、儀器或是尋找店面等等，以及開店時如何規劃吸引消費者的療程，文案發想如何更吸睛、有創意，幫助學員從無到有完成創業的夢想。

圖｜儘管創業過程中需要投入大量的心力，但 Amber 的創業經驗也讓更多女性了解，兼顧家庭和工作並非是不可能的任務

流量紅利不再，
網路行銷的巨大挑戰

從 2013 年開始創業，Amber 嘗過社群媒體起飛時的流量紅利，但隨著社群媒體不停改變演算法，Amber 也發現貼文的觸及率不再如同以往，因此自己必須要優化臉書和 Instagram 的貼文，不能期待網路行銷如同過去經驗，以聊天的風格貼文，就有許多人看見與分享。

Amber 在忙碌的工作之餘，開始研究微商跟電商，並加入社群媒體行銷的線上課程，學習如何將貼文設計得更具美感且吸睛，更在粉專經營上學習能拓展受眾、突破同溫層的技巧。儘管 Amber 吸收到各種不同經營社群媒體的技巧，但同時她也認為，重點要讓貼文不脫離自己想表達的觀念，並保持安柏特一直以來擁有的風格與調性。

詢問 Amber 會想將社群媒體經營委外給專人操作嗎？ Amber 表示，自己曾經想過外包給專業的小編來管理，但她認為現階段自己只管理一間店、規模並不大，未來若有加盟或展店才會將社群行銷交由專人負責，現階段她仍繼續兼任小編與來自各方的廣大網友建立連結。

圖｜安柏特空間氛圍相當療癒，粉色系的裝潢深受許多女孩的喜愛

手工無痛清粉刺，
協助改善問題痘痘肌

從事美容美體工作近十年的 Amber，接觸過許多不同肌膚問題的客戶，其中讓她最印象深刻的是，創業初期，有位就讀大學的 83 年次女生，來找 Amber 清粉刺，因為女孩還是學生的關係，不常消費、使用療程的次數並不多，當時 Amber 對她沒有太多印象，但當 Amber 的店面遷移到中豐路後，女孩再度找到 Amber 尋求她的幫忙。

Amber 看到女孩時，著實嚇了一跳，因為女孩的痘痘非常嚴重，整個人看起來也沒有自信，一問之下女孩才告訴 Amber，自己因為痘痘肌的問題非常苦惱也沒有自信，大學就休學了。女孩嘗試過 A 酸治療，皮膚仍沒任何起色，在百般無奈下，想起了 Amber 才又再度回訪安柏特。

重逢後，Amber 為她清理粉刺和痘痘，僅僅一次療程，女孩再去看醫生，醫生便說：「你有去做臉喔？難怪皮膚好這麼多。」，醫師

因為女孩皮膚大有改善，決定調低 A 酸劑量。Amber 表示，原本女孩來找她的時候，大概是因為皮膚狀況不好沒有自信，也導致她不愛笑，現在皮膚變好後再預約療程，女孩臉上美麗的笑容也重新回來了。

Amber 大多數客人的皮膚問題都是以痘痘和粉刺為主，Amber 觀察到痘痘問題比較嚴重的客戶，可以兩星期進行一次療程；問題較為中等的客人，能一個月進行一次療程，約莫一個半月，皮膚狀況就會有明顯的改善。Amber 表示，因為有皮膚問題的人，往往心情也不是太美麗，在諮詢的過程中，她會一一詢問顧客的肌膚病史、過去做過哪些處置，並旁敲側擊了解顧客的生活方式，努力找出長痘痘的原因，再針對顧客的狀況規劃適合的療程或方案。

互相尊重，
與客戶建立信任關係

　　許多消費者去美容沙龍之前都會擔心碰上強迫推銷，Amber 明白地在 Instagram 上表示：「不強迫推銷產品是我的原則。」，但即使如此，許多消費者仍會擔心。Amber 回應：「當然我們不會強迫推銷，但如果客人詢問我們，自己是否需要什麼產品時，我們有義務給出最好的建議。」

　　在台灣的社會中，許多產業都有「顧客至上，服務第一」的觀念，儘管美容美體產業也有這樣的氛圍，但 Amber 認為顧客也應對店家有基本的尊重，盡量不要遲到，也不該隨意地答應店家卻又不放在心上、臨時取消等等。

　　或許是因為 Amber 的健談與開朗，她與客戶的關係有時很像親密的朋友，創業以來，Amber 不太主動聯繫客人或邀請客戶回訪，但這種風格卻讓她和顧客建立了良好的關係，常常能收到顧客噓寒問暖的訊息，也讓她在忙碌的工作之餘備感窩心。

給創業者的誠懇建議

　　有些人認為創業最重要的就是店面位置的選擇，但 Amber 認為美業的業績好壞，關鍵取決於技術和服務品質，在店面的選擇上，她認為就算選在巷弄內也無妨，不需強求一定要在地理位置好、人流多的地點，尤其現在美業都是以預約制為主，人流再多往往也是經過就走了，並不會真正進到店裡。

　　其次，Amber 也鼓勵想要創業的人，不用太擔心自己會沒有顧客，初期穩扎穩打服務身邊的親朋好友，一開始就算花三小時做一個客人也沒關係，只要做好服務，親朋好友也能為你找到更多的客人，一旦有了純熟的技術，工作的自信心也會慢慢建立起來。Amber 認為創業者在初期應該將重點放在：讓技術更純熟以及行銷自己，一旦這兩個部分都能做好，品牌要長久經營也不是個難題。

　　Amber 認為每個人的個人形象、商業模式和人脈都不同，即使現在許多人都認為美業非常競爭，但如果一個月做好五十個客人，有了這五十個客人，就不需要過於擔心。「創業其實就是奮不顧身、擁有莫名的自信及嚇死人的樂觀，加上用盡全力面對一切，最後不放棄的去實現初衷；每個人都有自己獨特的地方，要相信自己。」一直以來 Amber 都是個正面、樂觀的人，她認為創業的人不能有太多負面思

圖｜空間的每個小角落都可以看到 Amber 的巧思

考，即使創業初期很辛苦、就算來了很多客人也未必留的住，但只要找出自己的強項，將強項做到極致、無人能取代，就能成為一個讓人印象深刻的美容師。

2022 年 5 月，安柏特因為疫情的影響，約有三十位客人取消預約，Amber 仍舊老神在在，她沒有花太多時間焦慮或是怨天尤人，而是想辦法在下個月做出創新的活動與企劃，果不其然，沒過多久客戶又慢慢回流了。「碰到問題的時候，我就是思考解決的方法，我相信一定能找到好的辦法，一個辦法失敗再找下一個就是了，創業的人一定要相信自己，碰到任何瓶頸絕對都能解決。」Amber 表示。

創業者為了面對快速變化的世界，不少人都期許自己從單一領域的「I 型人才」，變成能對其他領域事物略知一二的「T 型人才」。Amber 建議，除了在美業上持續努力，創業者也能多多嘗試過去想做但沒時間做的事情，像是瑜伽或是手工藝，也許能從中找到不同的啟發並轉移工作時焦慮、煩惱的情緒，甚至有機會形成帶來收入的斜槓事業。

未來，安柏特除了繼續提供優質的服務，Amber 也計劃推出保養品牌，希望幫助有肌膚問題的民眾，能透過保養品達到深度清潔與肌膚調理的目標。此外，Amber 也認為如果曾經學過美容，但後來因為不知道如何實踐創業夢想，而重回本行的人真的相當可惜，因此，她也規劃美容美體創業相關課程，希望以一條龍的模式，幫助學員完成創業夢想。課程現正如火如荼準備中，若想學習手工無痛清粉刺，千萬別錯過 Amber 精心設計的課程。

圖｜
安柏特未來會推出品牌專屬保養品，以及協助開店新手的課程，幫助更多女性實現創業夢想

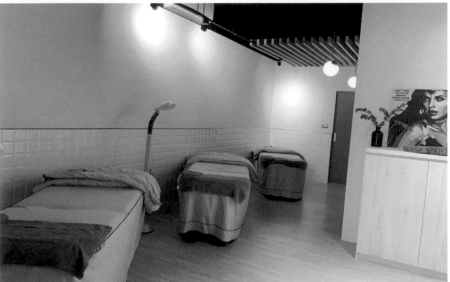

經營者語錄

做個活潑
開朗
有智慧
的女人
。

安柏特美學館
Amber Aesthetics

店家地址
桃園市中壢區中豐路 14 號

聯絡電話
03 425 5556

Facebook
安柏特美學館－中壢店

Instagram
@amber_w_o_w

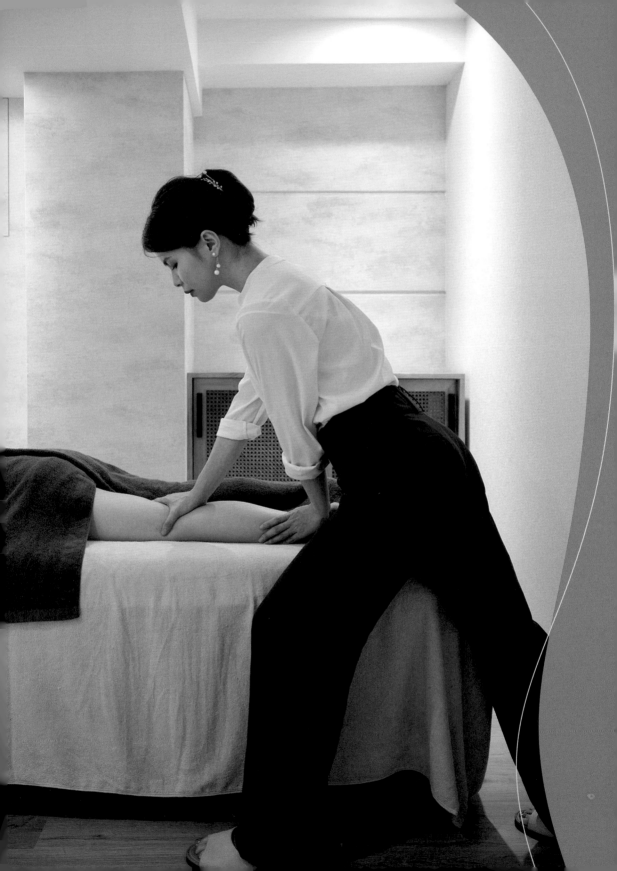

心傳美學／淨 kiyo

日式美體美容專科

暖心感受
與
極致服務夢幻組合

對於美感及細節有驚人的堅持，是台灣人對日本普遍的印象，在報章雜誌中，時常能看到日本各行各業的職人，不為利益所誘惑、不被外界所干擾，他們從不在品質上做出任何妥協，總是不惜時間、成本地精工細作，一心一意只為提供最佳的產品或服務。這種講究細節及深研各種技藝的職人文化，近年也啟發台灣各領域的工作者，美容美體業即是其中之一。

位於台北市大安區的「心傳美學 日式美體專科」、中山區的「淨 kiyo 日式美顏專科」創辦人 Asen，在日本學習美容多年，她於 2020 年回台，將道地的日式美容技藝，和日式「以人為本」的服務精神帶回台灣，也讓台灣掀起一股日式美容熱潮。

日式美容專家之路：
學習、工作、世界各地踏查

　　Asen 在台灣唸完國中後就到日本定居，並就讀日本的華僑學校，畢業後，Asen 的家人提供兩個就學方向給 Asen 參考；一個是護理學校、另一個則是美容學校，雖然當時 Asen 有個空服員的夢想，希望能在航空業的專門學校就讀，但家人卻對此非常反對。最後 Asen 決定朝美容領域發展，於東京ベルエポック美容專門學校，開啟她長達兩年的學習。當時 Asen 主要所學是「瑞士 CIDESCO 國際美容師」的培訓系統，CIDESCO 是國際公認最權威的美容組織之一，會員來自 36 個國家及地區，由 CIDESCO 頒發的國際美容師文憑，受到眾多國家認可及重視，持有此文憑的美容師，除可提高在國際上的地位及專業資格外，並為世界多個國家認可作執業憑證，也深受業界推崇。

　　「CIDESCO 很難的一個地方是，你要『創造美容』，例如美容有泰式美容、夏威夷式美容、法式巴黎美容、巴厘島風格的美容或是瑞士風格美容等等，學生必須要找到自己有興趣的美容項目，以日文做發表。」Asen 說明。由於她曾到泰國清邁學淋巴按摩，於是將泰式淋巴按摩以日文發表了一篇 7000 多頁的論文；儘管母語並非日語，但相當有語言天份的她，很快地就吸收美容專門學校所教的所有技術，也為她奠定美容知識和技藝基礎。

圖上 |
在日本長大的 Asen 有紮實的日式美容技術與知識，2020 年她回台創立品牌「心傳美學 日式美體專科」以及「淨 kiyo 日式美顏專科」

圖下 |
浸淫於日本文化許久，並相當了解國際美容市場的 Asen 決心要提供更精緻，且充滿職人精神的日式美容

真正讓她見識到日式美容的精髓，則要從她畢業後，入職位於銀座相當有名的沙龍開始，這間沙龍不僅裝潢頂級、服務細節也非常細膩，最著名的手技按摩充滿職人精神，按摩師需要全神關注、傾注全力地服務，沒有任何一絲的保留，美容師們為客人服務後，往往也大汗淋漓。「在這間沙龍，美容師服務每個顧客需花費二至三小時，從諮詢、講解、服務和銷售產品與課程，整個流程沒有任何環節會草率帶過，因此首次接待新顧客，有時還需要三至四小時。」，這份工作讓初出茅蘆的菜鳥美容師 Asen，不僅更了解日式美容實務工作的樣貌，也讓她完整地學會日式服務禮儀接待技巧。「在學校的所學跟真正進入職場後，一定會有所不同，因此當時我光學習公司的美容技術，就花了三個多月。」Asen 表示。

　　在日本社會工作，如果美容師是後輩，必須要比任何前輩都早到，假設表定晚上七點下班，菜鳥美容師也需要自主練習、繼續打磨自己的美容技術。Asen 在那段時間天天早出晚歸，比任何人早到，也比任何人晚走，常常到了晚上十點多才離開公司。後來，Asan 為了培養更多臉部美容的經驗，便離開銀座，到了一間法式美容沙龍工作，也為自己奠定相當厚實的臉部美容經驗，即使身為外國人，Asen 因為優異的技術和教學能力，被聘僱為法式沙龍的美容講師擔任教學工作。

　　除此之外，Asen 也曾在專門販售美容產品和儀器的日商公司工作，這份工作讓她有機會在世界各地參展，並且隨時獲得不同國家在美容技術、儀器和產品的最新資訊。由於曾在日本沙龍和日商公司工作，比起一般美容師來說，Asen 有著更寬闊的視野，也對各國美容產業發展有著獨到且深刻的觀點，這讓 Asen 有感於台灣美容美體產業發展速度，相較其他國家更為緩慢。「我認為目前的台灣美容產業發展無法和世界接軌，很大原因是台灣的醫療法規已三十多年沒有更新，在日本、韓國或中國等國家，當地的美容業者都能運用最新的儀器和技術，不一定只有醫生才能用。台灣雖也引進這些儀器和技術，但卻受限於法規，唯有醫美診所才能使用，消費的價格非常昂貴，不是一般民眾能負擔得起的，這成了台灣美容美體產業停滯不前的原因之一。」Asen 表示。

圖｜講究細節及深研各種技藝的職人文化是日本的一大特色

回台創業，將日式美容精髓發揚光大

積累了十三年在日本美容的經驗，Asen 決定回台創業並非出於商業的考量，2019 年 10 月，Asen 在馬來西亞出差時發生了嚴重車禍，車禍讓她的雙腳受傷，不得不放下手邊工作，專注於治療和休養。因為這個突如其來的意外，習慣忙碌的 Asen 因此萌生創業的念頭。

2020 年 2 月 Asen 辭去日商公司工作並回到台灣；3 月她在台北東區物色好店面，便風風火火規劃裝潢和營運的相關項目，「創業初期我很常在台灣各個美容沙龍消費，感受各店家的服務差異，我會將優秀的服務和不適宜的細節一一記錄，並思考要如何提供台灣顧客更不一樣的服務。」Asen 觀察到在台灣美容美體服務流程中，往往美容師講解服務與課程時，都相當簡短和草率，很少會鉅細靡遺向顧客說明每項服務的原理，以及居家保養該注意的細節。

「消費者在選擇美容服務項目時，一定會想了解這項服務或產品對自己的膚質和身體有沒有益處，以及所花的錢是否值得。我認為台灣的美容美體店家，很少會花時間為消費者解說各項服務和原理。」其次，Asen 也觀察到台灣美容店家在細節上較為忽略，舉凡美容師拿拖鞋接待顧客的方式、講話時的用字遣詞、語調和聲音、以及美容師的衣著打扮、站姿和飾品等等，都是日本顧客相當在意的細節，但台灣的店家似乎在這些方面較為疏忽。

由於美容美體產業是服務業，Asen 格外重視美容師說話的方式，以及帶給顧客的服務感受。她指出：「以我長期在日本工作的經驗而言，如果顧客臉上有痘疤的問題，美容師絕對不能直接跟顧客說『你這裡的痘疤實在很深，要不要試看看我們這一項護膚服務？』這種說話方式，絕對是服務業的禁忌。」Asen 表示，美容師在服務時，絕對不能指出顧客身體上的瑕疵、傷害顧客，應該以更委婉且專業的角度提出改善方式。

「我們公司對美容師有個紀律，就是顧客一進來，必須要找出三個特點真心誠意地稱讚他們，透過這個方法，顧客的心情如果變好，美容師也才有機會突破顧客的心房，進而了解他們平常的生活習慣、是否有工作壓力，或生活的其它細節。」美容師透過顧客分享的生活樣貌，也能從中找出顧客能調整的地方，再給予專業建議，「美容師需藉由和顧客交心，讓顧客自己說出希望改善的地方，而非指出顧客身體的缺點來貶低他們，這樣的說話方式會給顧客截然不同的感受。」Asen 說明。

　　Asen 認為服務業維持良好的第一印象非常重要，她取日文俗語「以心傳心」，為第一間店命名「心傳美學」，意思是不分語言，彼此傳遞美麗。Asen 認為所有的人際關係，都是從打招呼這一步開始，因此心傳美學非常重視打招呼，美容師必須要讓顧客感到親切，並對顧客敞開心胸、拉近彼此的距離。

圖｜美容美體是以人為本的產業，美容師和顧客的互動細節相當重要

圖上｜淨 kiyo 的空間裡簡約中不失細膩質感，每個角落都具有濃厚的日式風情
圖下｜木質調的療癒空間和柔美的燈光，讓顧客深感放鬆與舒心

日式禪風美學，極致講究五感體驗

Asen 也發現，台灣美容沙龍缺乏細節，導致顧客體驗扣分，因此在設計品牌時，別人眼中微不足道的細節，在心傳美學卻是不可妥協的。Asen 希望在任何看似不起眼的小事，都能以最細緻、貼心的態度，給予顧客最佳的五感體驗。

以空間營造來說，Asen 希望能傳遞日式簡約的獨特風味，因此設計枯山水、格柵、紙門等元素。敦化店心傳美學以侘寂風為主軸，帶有日式的禪意，使用木頭色調，希望能帶給顧客溫暖之感；中山店淨 kiyo 的顏色則較為豐富，主色為水藍色，每個來到這個空間的人，都能感受到都市的水泥叢林中，難以體會的身心靈平靜之感，許多人都認為淨 kiyo 看似簡約，但在許多角落都完美體現日式的頂級質感。

至於音樂的部分，Asen 也花費不少心思挑選讓內心平靜、心靈開放的音樂，如頌缽以及禪意音樂，讓顧客在接受服務時，能一邊享受音樂，進入深層放鬆狀態、修復身心能量。「當顧客進到店裡時，無論是視覺上的裝潢、聽覺上的音樂、以及味覺上的茶點和美容師的服務手法，我們都希望能帶給顧客美好的感受。」

當顧客到店時，美容師會先到門口擺放拖鞋，帶顧客入座，並準備羊羹與綠茶等茶點。從提供顧客拖鞋這件看似平凡的小事來說，在拖鞋擺放的位置和引導顧客入內等招呼語，都暗藏不少學問。Asen 表示，在這些細節下功夫，會讓顧客一踏進店裡，就感受到美容師已經做好萬全準備，一心一意地接待顧客，顧客也會因服務細節對品牌產生好感。

儘管中文沒有日文的敬詞用法，但 Asen 相當重視美容師與顧客對話時，不能使用太口語、太像朋友的說話方式，時時刻刻都需使用「您」，而非「你」。心傳美學和淨 kiyo 皆把日本對細節講究的精神發揮到極致，Asen 相信只有把無數細節和小事做到位，才能讓顧客感受到日式美

容的特色。因此 Asen 從電話禮儀，詢問顧客預約姓名，到指引顧客時的手勢，美容師的站姿等等細節，無一不精雕細琢，「引導顧客時，美容師不能用手指頭指，而是要平手引導。尤其每個人說話的習慣都不一樣，有些美容師不習慣這種說話方式，因此也需要不斷練習。」

由於 Asen 對於美容師散發的氣質、說話的態度與用字遣詞皆相當重視，這些特質也成了她在尋找美容師時，相當看重的條件之一。「因為我算是在日本長大，心傳美學和淨 kiyo 也可算是日商，我需要員工理解公司理念，對台灣人來說，很可能覺得公司的要求很多也很煩，因此在面試員工時，我們會先觀察員工的談吐和氣質，也會有七天的試用期，觀察美容師是否能做到我們的要求，或者是否願意做出改變，目前求職者大概只有五分之一的人能通過面試，我們一年來面試無數個求職者，也淘汰無數的人，或許這是目前公司需要突破的地方，但我認為對於員工禮儀和談吐的堅持，是我們不可欠缺的重要特色。」Asen 表示。

圖上｜Asen 在空間規
劃上相當用心，期待
顧客一踏進屋內，就
彷彿身在日本

圖下｜每個到來的顧
客都能感受到都市的
水泥叢林中，難以體
會的身心靈平靜之感

純正日式手技，達到醫美等級的小臉、瘦身效果

心傳美學的主要服務項目為：日式小顏、牙齒淨白；淨 kiyo 則提供日式汗蒸暖宮、美顏水淨肌和全身 spa 等服務，兩間店的服務項目不算多，Asen 認為如果服務項目太多種，無法將每個項目都做到精緻，客戶黏著度就不會高，「建立品牌的口碑很重要，尤其新顧客來消費前，一定會先了解店家的評價，才會放心消費。」因此她希望只提供具有百分百品質保證的服務，把握每個前來消費的新客和會員，而非推出五花八門的課程，卻無法兼顧品質。

「日式汗蒸暖宮」是淨 kiyo 的熱門項目，現代人普遍都有作息不佳、沒時間運動，或是因為長期久坐久站，身體有痠痛腫脹等問題，藉由淨 kiyo 的日式手技，能將體內堆積已久的老廢物質與水分排出、使身體更為放鬆，有些體驗後的顧客發現日式汗蒸暖宮，甚至能改善駝背寬肩，重獲如天鵝一樣，光滑緊緻又細長的頸部，及性感又纖瘦的直角肩。

日式汗蒸暖宮源自於韓國古代，近年來在日本發揚光大，美容師會在暖宮桶裡燃燒具有抗氧化功效的艾草，讓艾草的蒸氣進入子宮內部，溫暖下腹，並同時搭配頂級精油足浴，以提高治癒能力、促進代謝，加快老廢物質排出。Asen 說明：「現在女性因為常吹冷氣，又喜歡喝冰涼的飲料，身體比較無法儲存熱能，這個課程不僅能使身心放鬆舒緩，也能讓女性更容易受孕。」

當顧客身體變得更暖和後，美容師會操作 Asen 從銀座沙龍學習而來的一套日式手技為顧客按摩，按摩並非全身操作，其中有四個部位：「肩頸、頭部」、「背部、全手」、「臀腿、下半身」和「腹部、胸部」，供顧客選擇其中一種。「因為我們的淋巴按摩非常到位，力道和速度也非常確實，如果全身進行淋巴按摩，很有可能會因為血液循環過快而昏倒，因此在按摩上，我們只有在身體的局部施作。」Asen 表示，整個按摩結束後，美容師會使用汗蒸毯包裹顧客全身，讓汗水排出，達到由內而外調理身體的效果，這個項目因為能有效地改善疲勞、經痛、手腳冰冷問題，也有非常良好的美肌和瘦身效果，成為不少人預約的首選項目。「每個服務設計的環節都有背後的原理，每個步驟都非常重要，中間少了任一環節都是不行的，唯有如此才能達到日式汗蒸暖宮真正的效果。」

圖右｜日式汗蒸暖宮能幫助女性儲存熱能、促進代謝，並加快老廢物質排出

圖左｜日式正統的「小顏淋巴按摩」能達到醫美等級的小臉效果，完全不需侵入式治療，就能讓臉型變得更精緻

除了身體，許多女孩也相當嚮往擁有精緻小巧的臉蛋，心傳美學提供一套日式正統的「小顏淋巴按摩」服務，透過這套手技，完全不需侵入式治療就能讓顧客的臉型變得小且精緻。「臉部骨頭總共 24 塊，因為骨頭跟骨頭之間有縫隙，平常我們講話、吃東西，都會讓骨頭間距變鬆，加上每個人的生活習慣不同，有些人因為飲酒或飲食吃得過鹹，而讓水分卡在骨頭間的縫隙，臉就會非常腫。」透過心傳美學美容師專業的手技，將臉部的老廢物質帶到淋巴結，再讓身體轉換為汗水與尿液，許多顧客發現做完「小顏淋巴按摩」，臉不僅變得更小，五官也變得立體，甚至大小眼和臉部不平衡的問題，也能獲得一定程度的改善。

圖左｜享受日式美容再也不需要千里迢迢飛到日本，心傳美學和淨 kiyo，將最正宗的服務移植到台灣
圖右｜店內每個環節 Asen 都精心設計，期待能提供顧客高品質的消費體驗

帶人更帶心，創造良善工作場域，與員工一起成長

　　由於 Asen 國中畢業後就去了日本，雖然當時她對日語並不熟悉，但小小年紀的她就開始在便利商店打工，生活過的相當辛苦，這些經驗讓她從小就懷有一個遠大的目標，希望有朝一日也能成為一間公司的老闆，為此，Asen 多年來培養自律的習慣。「從十八歲開始，每一年、每五年我都會設定目標，甚至也會有每一天、每小時該完成的進度，因此每當我有 15 分鐘的空閒時間，我就會問自己，為了完成這些目標，這 15 分鐘還可以做些什麼。」

　　了解自律帶來的好處，Asen 在培訓員工時，也鼓勵員工設立大大小小的目標，並幫助他們實踐。Asen 說：「我很常告訴員工，夢想是夢想，有可能你無法完成夢想，但目標卻是可以達成的，你一定要設定自己的目標，並時時刻刻做檢查，檢視自己有沒有在完成目標的道路上，最重

要的是，你要將目標說出來，因為如果你不說出口，就無法提醒自己，當你說出口就會更有動力完成。」

由於 Asen 曾在日本高壓的環境下工作，她深刻了解高壓環境對於員工的表現和情緒有相當大的影響，因此在管理員工時，她總是會看到員工的優點並給予稱讚，希望員工能與公司一起快樂的成長。「身為公司老闆，不能擺出一個高高在上的姿態，我會引導員工換位思考，如果自己今天是客戶，希望怎麼樣被對待，如果自己是公司老闆，會做出什麼樣的決策。初期員工剛進到公司，犯錯很正常，我能做的就是包容及叮嚀。」Asen 認為老闆和員工都是平等的，員工需要做的打掃工作，身為老闆也要一起做，當員工辛苦工作時，老闆應該要比員工更辛苦，因此在服務的場域中，Asen 總是親力親為與員工一起接待顧客，這也讓員工和 Asen 的感情相當緊密。

「我在日本工作時，根本沒有週休二日可言，公司相當壓榨員工，員工也不可能讓老闆做任何事，因此當我成為老闆後，我希望以身作則，和員工一起做所有的事情，同時我也相當尊重他們，與他們建立很好的感情。」Asen 不會將員工的付出視為理所當然，總是在員工辛勤努力工作後，告訴員工「辛苦了」、「謝謝」，雖然有些員工會不習慣，告訴 Asen 不需要說謝謝，但她認為身為公司的負責人感謝員工付出是必要的，如果自己做錯了也會向員工道歉，「老闆不會永遠都是對的，我也會有做錯的時候，所以我很願意去向員工道歉。」Asen 說。

因為一場意外的車禍，讓 Asen 不得不從忙碌的工作中，按下暫停鍵，但也讓她有了契機回到台灣這塊土地，將日式美容保養的技法與知識，分享給更多的台灣人。未來 Asen 會持續拓店，並發表化妝品品牌，相信愛好日式美容的民眾，都能因此受益，不需千里迢迢飛到日本，就能享受到最道地、最專業的日式美容。

経営者語錄

用心對待每一個事物，細心地去觀察，
享受生命的每一刻。
不管是各行各業，一定都會在選擇的道路上
發現有趣的事，做一份開心的工作，
是要由自己去發掘出來的。
前期的過程必定辛苦，
但是要懂得去慢慢品嚐自己想像中的未來，
因為一定可以達成！

淨 kiyo

緣和有限公司

敦化店 心傳美學 日式美體專科
台北市大安區忠孝東路四段 101 巷 45 號 1 樓

聯絡電話
02 8771 6813

Facebook
心傳美學 日式美體專科

Instagram
@shinden.beauty

中山店 淨 kiyo 日式美顏專科
台北市中山區中山北路二段 16 巷 18 號 2 樓

聯絡電話
02 2568 1375

Facebook
淨 kiyo 日式美顏專科

Instagram
@kiyo.beauty.labo

頑美

Beauty Up Studio

打造如遊樂園般的
工作場域，
翻轉美容產業樣態

勞工陣線聯盟與青平台基金會曾在 2015 年發表
一個調查，有關於台灣各產業中，哪一個產業
的工作者最為窮忙，數據中發現，台灣最窮、
最忙產業類型集中於服務業，當中時薪最低的
即是美髮及美容美體業，從業人員每月要工作
208 小時，底薪加上獎金與加班後，平均工作時
薪僅有 127 元，比當時勞動部規定的最低時薪
120 元，僅僅多了 7 元，美容美體業因此被列
為 2015 年「平均工作時薪低薪排行榜」第一名。

時至 2022 年，根據人力銀行調查顯示，美容美
體產業整體薪資仍是敬陪末座。為了打破「努
力不等於報酬」的美業環境、讓美容師能有更
好的工作場域，也將更好的美容護膚體驗提供
給顧客，來自雲林的女孩陸露（LuLu），創立
美容沙龍品牌「頑美 Beauty Up Studio」，她
以行動決心翻轉美容美體產業長期以來低薪、
高工時的工作環境。

憑藉對美容的巨大熱情，
斜槓創業

　　LuLu 從高中到大學都是學習理工科，但愛美的她一直以來都對美容非常感興趣，二十多歲開始，她陸續在樹德科技大學流行設計系、高雄美容職業工會等地學習美容，並在台北醫學大學進修美容和營養相關知識，LuLu 學習美容的過程並不順利，她有感於自己雖有心學習美容，但想要找到一個具有優秀師資，且能協助美容師職涯發展的環境，卻是如此困難，曾經她花上數萬元繳學費，卻面臨教學機構倒閉的窘境，讓她成了不折不扣的「美容孤兒」。

　　大學畢業後，LuLu 在國中擔任數學老師，原本沒有想要從事美容相關工作的她，看到許多人投入美業後，日復一日辛苦工作，卻只能領著低薪，淪為廉價勞工，因此萌生了想要改變這個產業的想法。她希望創立一個棲息地，讓喜愛美容的人，或是想以此作為職業的美容師，能有更好的平台來發展職涯，並推廣正確的美容保養知識給更多人，為顧客提供優質的保養服務。2015 年 LuLu 順從內心的渴望，決定開始創業，經過多年的醞釀與市場累積，2021 年頑美先後在高雄和台南成立會館，品牌也迅速在當地市場開創出知名度，顧客往往上門一次後，就變成高忠誠度的客戶，也有越來越多美容師找上頑美，尋找合作機會。

圖 |
2015 年 LuLu 創立頑美，經過多年的醞釀與市場累積，品牌迅速在當地市場開創出知名度

翻轉高工時、低底薪、
低抽成的工作型態

　　在美容師光鮮亮麗的外表下，其實隱藏許多有關工時、薪資、工作壓力、管理、人際關係等因素，所造成的各種困擾，這些原因讓許多美容師倍感挫折，也造成職業倦怠感。根據臺北科技大學技術及職業教育研究所，牟安妮所發表的論文《美容師工作困擾之研究》指出，不少美容師由於工時過長，造成對身心的負面影響，美容師不僅有腰椎痠痛、下肢腫脹的問題，也容易產生焦慮、煩躁且易怒的情緒。再者，大多數美容師認為普遍的計薪方式相當不合理，即使辛苦工作，也只能領取低底薪、低抽成的薪資，而且美容師的休假與排班偶爾也必須由公司安排，無法掌握自己的生活步調，造成美容師有時為了工作，只好缺席重要的家庭、朋友聚會。

　　LuLu 在學習美容的過程中，看到無數滿懷熱情投入美業的美容師，即使經驗豐富也有一身好功夫，卻因為薪資結構和工作福利等因素，最後只能成為領著低薪的廉價勞工，「別說想要創業了，美容師連想要成家立業都是那麼的遙不可及。」LuLu 表示。為了打破美容業長期的產業型態，LuLu 建立以教育為目標的培訓中心，結合美容服務創立頑美，希望藉由不同專長的美容師共同合作，透過團隊的力量，一起改善美容師的工作環境。

　　加入頑美團隊前，美容師需要經過三階段的培訓：「初階培訓」、「進階培訓」和最終的「授權美容師培訓」課程。初階課程中，學員會先認識各種膚質的狀態，並學習不同肌膚狀況分別需使用哪些保養品；進階課程中，則由不同專業的教師教導皮膚生理學、護膚實作和產品分析比較，並由資深教師陪伴學員完成護膚實作，讓學員累積更多的

圖｜為了打破美容業長期的產業型態，LuLu 建立以教育為目標的培訓中心，並幫助美容師擁有自己的品牌

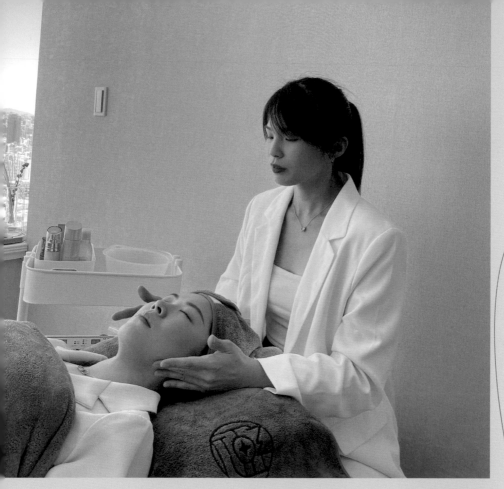

美容經驗。通過前兩項培訓的學員，若能完成指定作業並獲得良好的成績，則能進到最終階段「授權美容師」課程，三階段培訓完成後，美容師即能成為頑美的特約美容師，也能使用頑美工作室裡的空間、儀器跟設備，並能學習到完整六項護膚課程的內容。

「我們的培訓費跟外面坊間的價格比起來相當平價，一開始許多人會以為我們是詐騙集團，但與我們合作後，才發現我們是真的希望美容師或學員在這裡能學到完整的美容知識和手法，並能從中賺取收入。」LuLu 說明。

頑美目前在台南和高雄都有 24 小時預約制的會館，每個特約美容師只要月付三千元，就能在會館中使用十個時段，服務顧客的酬勞完全屬於特約美容師、不需被抽成。「我們不像傳統的美容沙龍，會雇用全職的美容師，而是採取全預約制，顧客預約時段後，特約美容師再到會館提供服務，因此美容師有更彈性的工作時間，也讓空間的使用更具效率。」LuLu 透露，目前特約美容師每個月只要花費約二十個小時的工作時數，就能賺取兩萬到兩萬五千元左右的收入，截至目前為止，特約美容師都非常喜歡與頑美合作，這種合作模式不僅能讓美容師更有工作動力，也讓他們的生活品質大大提升。

擅長肌膚保養和痘痘調理的特約美容師王穎說：「我不是美容領域出身，因為很喜歡美容我才加入團隊，頑美從行銷策略到美容師管理制度都非常完善，顧客黏著度也很高，因此我最近決定從特約美容師的身分，轉變成全職工作，頑美提供的是『多勞多得』的薪資制度，和其他的美容美體沙龍很不一樣。」不僅是頑美，在社會與經營環境變遷下，越來越多企業不僅著眼於員工產生的價值，也願意投注更多心力創新環境、改變工作型態來留住優秀人才。工作型態變革早已是全球趨勢，除了提供具競爭力的薪資福利，建構以「人」為中心的工作環境與型態，也成了企業永續發展策略中重要的一環。

圖｜頑美提供三階段美容師培訓，理論與實務兼具的課程，讓學員能以最有效率的方式學習

共榮、共贏、共好、共享的行銷策略

在網路時代，美容美體產業的行銷也從實體跨足網路，美容師不僅要在忙碌的工作之餘，學習各種行銷工具與策略，找出「人無我有」、「人有我優」的差異化優勢，作為行銷策略的槓桿支點；還需要學習各種行銷心法，了解如何在網路上吸引顧客、哪一種貼文能精準地打到社群媒體上的受眾，這讓許多美容師都紛紛抱怨，除了專精自己的技術，還要學習網路行銷，時間實在不夠用。儘管如此，美容師走向品牌化，在競爭的美業市場中勢在必行，花費心思經營社群媒體、累積內容能幫助美容師獲得最大化價值，無論是文章或是影片形式的內容，只要能被消費者搜尋到，就有機會觸及更多潛在顧客，並在網友有需要時，美容師發表的素材和內容，就能提供立即且有幫助的解答，同時也能加強美容師的專業形象、提升搜尋能見度。

頑美相當了解經營社群媒體的重要性，他們不僅投注資源在自家品牌，也協助特約美容師打造專屬自己的品牌，目前頑美有專責經營社群媒體的團隊，協助美容師拍攝照片、製作貼文素材、投放廣告，讓美容師能以更省力的方式經營社群媒體。「不擅長經營社群媒體或製作素材的美容師，我們不僅有專業的小編團隊協助他們，若美容師想要花更多時間和精力在社群媒體，我們也會傾注資源和人力協助他們。」

圖｜共好共榮的行銷策略，讓頑美在網路特別有聲量，也讓美容師的收入顯著地提升

　　此外，頑美的社群媒體團隊也會根據節慶、市場趨勢、消費者需求等等，設計有趣好玩、高知識含量的教學課程，如美容護膚、彩妝、日常穿搭；在防疫期間，他們還推出教女孩畫美美口罩妝的課程，每堂課都吸引許多熱愛美容保養的女孩觀看，讓頑美在網路上維持高聲量。除了線上課程外，頑美也會以直播的方式舉辦抽獎問答活動，與消費者或網友互動，藉由主持人的引導創造出熱烈的氣氛，提升顧客參與率及互動率，進而讓頑美的品牌形象更加深植在顧客心中。

　　因為這種共好共榮的行銷策略，不僅讓特約美容師認同頑美，美容師因為想提升自己的品牌價值，服務顧客時也會更加用心，因此提升顧客黏著度。在環環相扣的細節中，從顧客、美容師到店家，每個人都因為自己的付出獲得最佳收益，因此美容師的流動率相當低，頑美沒有一般美容沙龍員工流動率過高的問題，有些店家在教育訓練結束後，新到職的員工就離職了，使店家陷入招聘、培訓、招聘、培訓的惡性循環中。

圖｜LuLu 有感於許多美容師滿懷熱情投入美業，卻只能領著低薪，因此決定要創立一個讓美容師棲息的地方

獨家抗痘技術搭配補充關鍵營養，
變美並非難事

　　LuLu 談到最初打造品牌的願景，她希望創造一個如遊樂園的場域，讓美容師在職業生涯中能像孩子一樣地歡笑、感受快樂，因此她將品牌命名為頑美，「頑」代表不落窠臼、勇於嘗試，並期待人們對於「美」能像孩子，具有好奇心，勇敢探索美的無限可能。

　　在人們探索美的各種面貌之際，往往會先從「膚質」著手；擁有乾淨健康的膚質，即使沒有過多打扮，也能展現無比的魅力。因此，頑美以臉部和頸部肌膚為主，推出六種服務：顏穴保養課程、長效保濕課程、煥白美肌課程、抗痘淨膚課程、甦鬆緊緻課程、凝顏撥筋課程，這六種服務能面面俱到，解決肌膚所有問題，其中最多人預約的招牌項目即是「抗痘淨膚課程」。坊間美容師常會使用粉刺夾或酸類成分處理痘痘、粉刺，這些方式很有可能因為美容師技術問題，或顧客皮膚較為敏感，而導致皮膚受傷。「因此我們採用獨家按摩代謝方法，讓顧客能以無痛、非侵入性的方式去除粉刺和痘痘，許多顧客嘗試後痘痘問題很快就大大改善。」LuLu補充說明。

　　在「抗痘淨膚課程」中，美容師會針對顧客肌膚狀況，從頂級獨家植萃技術的護膚品牌中，挑選適合的產品，再搭配頑美的獨門手技，達到軟化角質與深層代謝的作用，並運用美容儀器導出，最後使用高效導入超音波儀將修復精華帶進皮膚、收縮毛孔，深度調理肌膚。

圖上｜美容師使用頂級獨家植萃技術的護膚產品，幫助顧客肌膚狀態更加無瑕

圖下｜
頑美的獨門手技搭配護膚產品，幫助許多顧客，得以擁有健康美麗的肌膚

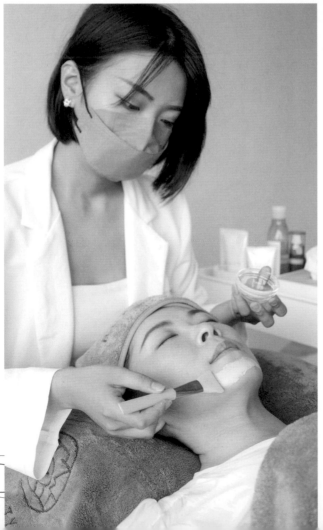

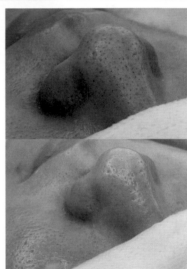

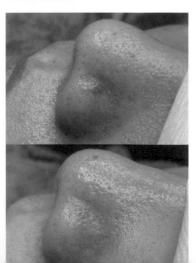

「抗痘淨膚課程」除了不像坊間美容沙龍清除粉刺會需要數天的修復期外，更重要的是，為了幫助顧客維持良好皮膚狀態，頑美會請美容師到台北醫學大學進修美容和營養相關知識，提供顧客皮膚和人體健康相關的營養諮詢，並給予日常保養建議，讓顧客能以更省時、省錢的方式，擁有完美無瑕的肌膚。LuLu 指出：「處理皮膚問題不能只有表層的思維，因為導致皮膚問題八成的原因可能與飲食和生活習慣有關，為了幫助顧客根治痘痘問題，我們會根據顧客膚質狀況，給予營養上的建議，從內而外改善肌膚，也讓顧客不需要投資太多金錢在護膚保養上。」

　　若皮膚最外層的天然屏障「角質層」及「皮脂膜」沒有正常運作，老廢角質堵塞毛孔，就會變成粉刺和痘痘。透過補充正確營養，可以幫助皮膚修復、正常代謝，自然就不容易有痘痘了。以皮膚問題來說，容易出油的人，有可能是因為缺乏維生素 B 群；而角質肥厚容易長粉刺的肌膚，則有可能是因為維生素 A 不足。為了避免客戶痘痘惡化及預防痘痘產生，美容師都會建議顧客在日常飲食中，吃足每天所需的維生素，才能保障皮膚的新陳代謝、減少長痘痘的機率，也讓護膚美容維持更長久的效果。

　　當大部分的美容沙龍都想盡辦法讓顧客能有高頻率的消費習慣，LuLu 卻反其道而行，她認為唯有顧客的問題真的被解決，才有可能建立顧客忠誠度與提升回客率。「我們真心希望顧客都有健康的皮膚，因此我們會教導顧客營養和日常保養的細節，讓他們不需要每個月都花很多錢做護膚保養。」LuLu 說明。

在北歐風的幸福空間，
享受無敵夜景

　　除了規劃護膚服務外，LuLu 也花費不少心思在空間設計，她在社群媒體上貼出頑美改造前後的對比，看過的人都相當訝異於空間的轉變，有人戲稱，改造前的空間像是玫瑰瞳鈴眼拍攝現場，而改造後則成了不折不扣的北歐風頂級貴婦會館。

　　在寸土寸金的都市中，空間規劃可說是美容美體業最重要的環節之一，完善的空間能讓顧客服務體驗加分，也能提升顧客再度消費的可能性。「許多美容沙龍會在工作室放好幾張美容床，再用拉簾區隔空間，我們則希望能創造一個具隱密性、尊榮感的舒服環境，因此在頑美，我們只會在一個空間接待一組顧客，這樣的安排也讓顧客在疫情期間更安心，加上我們有醫療級的空氣濾淨機，所以防疫期間頑美的顧客量還是非常穩定，沒有太多的影響。」

　　頑美的環境有著濃濃的北歐風格，能讓人感受到遠離塵囂的放鬆與寧靜，淺色系木頭地板讓空間具

有清爽明淨的色溫、增添幸福感；簡潔的牆面沒有繁複的裝潢相當優雅大方，LuLu
挑選符合人體工學、簡潔利落線條的傢俱，讓顧客在空間的任一細節都能感受到講
究質感的職人手藝。

　　除此之外，頑美使用有機質感香氛，整個空間時刻散發愉悅與詩意，服務結束後，
也會提供有鎮定安寧功效的花果茶，讓顧客能一邊品茶，一邊放鬆心情；音樂挑選
上 LuLu 也極盡要求，種種細節都是希望除了提供美容護膚服務外，還能讓顧客的
視、聽、嗅、觸、味五感，有更優美、更舒適的體驗。不僅如此，在頑美的高雄館中，
還有一個其他美容沙龍少有的特色，那就是絕美無比的高空美景，由於頑美高雄館
位於高雄地標 85 大樓的 27 樓，能遠眺整個高雄，這片景色常常讓許多顧客臨走時
依依不捨。

圖左｜頑美的高雄館擁有絕美無比的高空美景，無論是白天或夜晚，窗外景色都令人心曠神怡
圖上｜頑美台南花園館北歐風的空間讓顧客一踏進會館時，就感受到滿滿的幸福感
圖下｜顧客能從 LuLu 精心挑選的擺設、音樂和香氛，感受到頑美對質感的堅持

在美業的無限可能中找尋定位

有人說美容美體業是一項「奇蹟」的事業，它可以小到個人化、家庭式，也可以大到成為創造數百萬年營收的跨國企業，美業具有的無限可能，總吸引無數懷抱夢想的人投入這項產業，再者，美容美體業門檻較低，追求美麗容顏的消費者數量眾多，無論是什麼規模的店家，或多或少都有固定客源。

但經營美業真的是一件容易的事嗎？LuLu 表示，如果只想要踏入美業其實並不困難，初期只需要學費、耗材、產品和考取證照的相關費用，等同拿到從事美業的入場券，但如果想要創業，就需要更謹慎評估了。以頑美而言，從儀器設備、裝潢、產品、品牌打造等等，都需要資金，而且創業後不可能馬上收支平衡，還需要預留一筆資金，如果沒有萬全準備就貿然創業，很有可能鎩羽而歸。

LuLu 認為創業者不僅需要美容的專業技能，更要觸類旁通發展財務會計、室內設計、企業管理、領導溝通等相關能力，因為當企業尚未發展到一定的規模，創業者或員工很可能都需要身兼數職。LuLu 也建議，美業初心者在習得美容技能後，可以先在店家實習、工作一段時間，再考慮是否需要創業。「在店家工作的過程中，你能從中累積經驗，也能發現自己還欠缺什麼、需要學習什麼，有了更多的技能與創業知能後，你才具有創業成功的本錢。」再者，若已決定要開店，究竟是要自己獨資，還是為了分散風險、增加資金與人力，尋找夥伴一起合夥創業呢？LuLu 認為，創業需要不少資金，且並非是一個穩賺的投資，過程充斥各種風險，像是疫情就造成美業很大的衝擊，若是有合夥人的資金投入，可能會因為虧損而造成彼此的不愉快，因此她建議有心創業的人可以先從一個人做起，再視營運的規模，判斷是否需要合夥人。

LuLu 也提醒，初期創業一定要根據自己的理念規劃服務項目和營運模式，並且找出目標顧客，經營品牌最不該做的就是企圖討好所有人，因為每個品牌所提供的產品和服務大有不同，也沒有所謂的完美公式能夠套用，唯有找出自己的特色，才能創造出市場獨特性。

學生時期的 LuLu 未曾將美業工作做為第一志願，但憑藉她一心想為美容從業者創造出更平等且更高收入的場域，以及將她的美容知識與技能，幫助更多像她一樣愛美的人，創業數年後，頑美也迎來一波波的成功，目前約有二十位的美容師加入頑美團隊。原本許多美容師聽到頑美的經營模式，都覺得這種模式對美容師太好、好到不像真的，而懷疑 LuLu 從事詐騙，但加入團隊後，美容師發現自己過往需要與同事爭奪顧客與業績的困擾不復存在，也能有更高的收入、更好的生活品質和更正面的能量來經營家庭生活。他們發現，原來在美容美體產業中，「一個人或許走得快，但一群人才能走得遠」，透過團隊的方式，美容師不僅有自己的個人品牌，還能將品牌壯大、提升能見度。對於頑美特約美容師來說，加入頑美，或許是他們職涯中做過最棒的決定。

詢問 LuLu，回首這一路走來，從學習美容到踏入美業，曾經有在任何時刻後悔過嗎？ LuLu 笑說：「怎麼會？這應該是我人生中做過最棒的決定，我感謝當初叛逆的自己。」

圖｜LuLu 一心只想為美容從業者創造出更平等且更高收入的場域，以及將她的美容知識與技能，幫助像她一樣愛美的人

最美的你不是生如夏花，
而是在時間的長河裡，
波瀾不驚。

頑美
Beauty Up Studio

店家地址
高雄市苓雅區自強三路 5 號南棟 27 樓之 27
台南市北區公園南路 368 號 I 棟 60 號 1 樓

Facebook
頑美 Beauty Up Studio

Instagram
@beautyup_plus_studio

蘿妮全方位美學

Roanny Beauty

擁有
仙女般的美，
也要活出
腳踏實地的優雅

Roanny Beauty 蘿妮全方位美學（以下簡稱蘿妮），與其說是一間美容工作室，更像是女孩的秘密基地。

創辦人霂霂，十七歲就以住家工作室的型態起步創業，逐步建立了屬於自己的據點。在這裡，女孩們討論著流行時尚、戀愛及工作的煩惱，甚至能在這裡大哭一場後，打起精神以亮麗的面貌再出發，蘿妮的美甲師、美容師們，與客人之間是陪伴彼此長大的關係，這樣的羈絆，也成為蘿妮最難以取代的品牌核心價值。

成為
仙女製造機
的秘訣

「我起步創業的年紀，比一般人稍微早一點，十幾歲考取證照、成為美甲師的時候，正好是身邊的女孩，開始願意花錢保養指甲、做彩繪，讓自己光鮮亮麗的階段，我的同儕姐妹們，就這樣成為我『草創期』的忠實客戶。」霓霓表示，客戶跟自己年齡相仿的優勢在於，生長於同一個時代，對於時尚潮流的掌握幾乎同步，在溝通作品風格的時候，可以快、狠、準地抓到客戶的需求。

「坊間有這麼多的美甲沙龍，能夠讓客人一直留下來的原因，其實就是能夠跟客人建立良好默契，精準地呈現出客人喜歡的風格。」她補充說明：「因此，美甲師除了要拿得出足以說服人的技術與美感，跟客人之間的溝通也非常重要，蘿妮的特別之處在於，美甲師與美容師們跟客人年齡相仿，店裡面很自然地就散發出一種活躍歡樂的氛圍，所有人都能在放鬆的狀態下，完成眼前的事情。」

而在進入美業之前，如同許多邁入成人階段之前的少年，霓霓也經歷過茫然失措、不知未來方向的一段歲月。「高中時期，我休學過一年，那時對於自己的人生該怎麼過，心裡掛著一個大問號，每天從早到晚坐在教室裡，反覆讀著課本上的內容，準備升學考試，這樣的生活真的是我要的嗎？」霓霓表示：「為了升學問題，也跟父母出現了歧見，我心想，一邊跟爸媽拿零用錢，同時又不聽他們的話，覺得不太好意思，於是就去服裝店打工，開始學習待客與溝通的技巧。」

圖 |
Roanny Beauty 蘿妮全方位美學創辦人霓霓，從十七歲就起步創業，一步一步地將工作室打造成女孩的秘密基地

那個時期，霙霙用自己賺來的錢去做美甲，打扮得神采奕奕，是生活中的小確幸，而友人不經意的一句：「妳這麼喜歡做美甲，怎麼不自己學？」就此成為她入行創業的契機。「我當時因為怕自己三分鐘熱度，上完課就荒廢，特地報名了證照班。考取證照的時候，我發現自己是一個很吃『成就感』的人，考到證照、滿足客人的期待、作品品質有達到自我要求等，這些事情所帶來的充實感，變成了激勵我繼續進步的動力。」

　　霙霙笑著表示：「我以前的同學可能會覺得很傻眼吧，不喜歡坐在教室裡念書的霙霙，卻能夠坐在燈下，專注在細部作業一兩個小時以上。」曾經對未來感到茫然的少女，踏入了熱愛的領域後，開始了辛苦卻又充實的修業之路。「創業六年多以來，就算我已經變成了講師，開始帶學生入門、考證照等，我每個月都還是會安排進修，給自己一個目標，要求自己要解鎖新任務。」

　　原本不相信星座的霙霙，在入行之後，開始覺得摩羯座的自己，好像真的跟書上說的一樣「龜毛」，「像我後來觀察到客人的需求，開始接觸美睫跟紋繡項目，就拚了命地去鑽研每個技術細節。」有 GPF 韓國美容協會半永久紋繡認證資格的她，仍在持續追求更精準、細膩的紋繡技巧。

　　「蘿妮的客人來霧眉的時候，通常都會指定自然風格的妝感眉，讓她們平常可以素顏出門。」霙霙表示，理想的自然妝感眉，色澤要清透，飽和度跟留色率也要夠，漸層的呈現，要像專業彩妝師用眉粉畫出的質感一樣自然，為了追求心目中理想的境界，她報名了至少四個全修班，「曾經為了想學某個老師的眉頭漸層上色技法，我報名了全修班，為的就是從基本功開始練起，不願意漏掉任何技術上的細節。」

　　從美甲設計、日式嫁接睫毛施作到霧眉紋繡，霙霙在風格、手法及流程上展現出一絲不苟的態度，在客人之間素有「仙女製造機」美名的她，在完美成品的背後，是從未鬆懈的執著與毅力。「讓客人的指尖、眉眼間完美無瑕就是蘿妮的任務，仙女不是憑空誕生的，而是靠我們的技術與美感，一點一滴製造出來的。」霙霙表示。

圖上｜ Roanny Beauty 蘿妮全方位美學店內一隅
圖下｜店狗 Momo 乖巧可愛，十分療癒

擁有仙女外表，思維也要接地氣

「許多從我十幾歲創業時就一路跟著我的客人，這些年來，除了見證我技術上的嫻熟與精進，我們也觀察著彼此想法、價值觀不斷蛻變的過程，客人們對我的認同感，不僅是因為技術與美感，也來自於我的待人處事風格。」霓霓表示，來到蘿妮的客人，會自然地互相搭話，除了交流美甲與美睫款式，也分享關於戀愛、工作職涯、生活等大小事。

「十幾二十歲的女孩，話題總繞著戀愛打轉，而我常常扮演著提醒她們的導師角色，叫她們不要再當『戀愛腦』了，趕快接軌現實，好好理財存錢，思考未來的目標等等。」在創業之前，霓霓也曾經歷過迷茫的時期，由年紀相近的她，來對客人耳提面命，大家反而更能感同身受，比長輩的叨唸還要見效。

「或許這就是一種吸引力法則吧！我有我自己的堅持與風格，吸引到頻率相近的客人以後，她們就會自己口耳相傳，介紹閨蜜與同事來我店裡，蘿妮這個社群，凝聚了來自台北市區、三重、蘆洲、淡水等各個地方的女孩們。」

圖 |
霓霓打造了一個能讓女孩們卸下心防的舒適空間，在這裡，大家分享著自己的人生與煩惱，從彼此身上得到激勵與能量後，漂漂亮亮地出發面對各自的挑戰

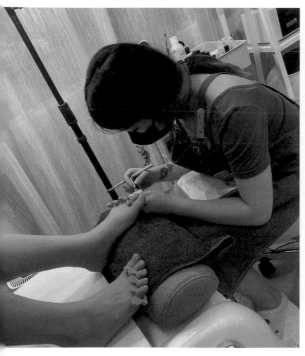

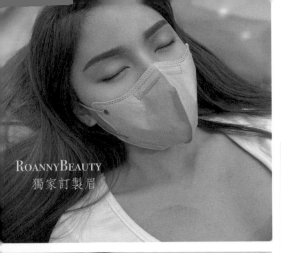

RoannyBeauty
獨家訂製眉

OANNYBEAUTY
eyelashes/ Line: @179suary

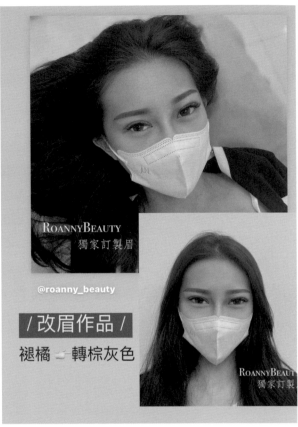

RoannyBeauty
獨家訂製眉

@roanny_beauty

/ 改眉作品 /

褪橘 ⇌ 轉棕灰色

RoannyBeaut
獨家訂製

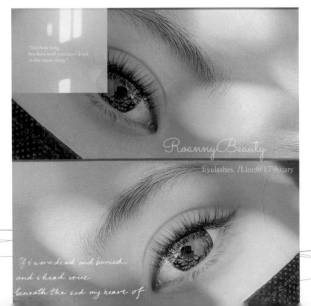

RoannyBeauty
Eyelashes. /Line:@179suary

　　霓霓總是鼓勵女孩們要獨當一面，培養一技之長，「這種關係是一個很有趣的平衡，我把她們打扮得漂漂亮亮的、仙氣十足，但同時又會一直耳提面命，希望她們的思維一定要接地氣，要紮根在現實當中，好好地去面對工作、職涯、存款等實際問題。」

　　「我的客群當中，有從事八大行業的女孩們，光鮮的外表與高超的社交技巧，是她們的優勢，蘿妮的服務項目可以幫助她們維持亮眼的外型；但同時她們的工作也是很繁重的情緒勞動，這些年來，我也承接了不少在低潮狀態中掙扎的女孩，傾聽她們的煩惱，鼓勵她們理財存錢，一步步地看著她們找到屬於自己的幸福。」蘿妮所能給予的，不只是美睫美甲等服務，更是讓人卸下心防的陪伴。

　　店裡的氛圍，流動著一種穩妥而溫暖的氣息，不論是美睫師、美甲師、美容師或是到訪的客人，大家聊著時尚、聊著人生觀的轉變，互相開導也互相影響，讓這個群體往更光明的方向去，「店裡的夥伴，也是很年輕就加入蘿妮，剛開始難免會有遲到、做事脫線等各種菜鳥狀況，而在我的陪伴督促之下，她們不但技術越來越熟練，做事也越來越穩當，這些轉變客人都看在眼裡，也會更加地信賴我這個人。」

圖 |
憑藉著苦練而成的技術與對潮流的精準掌握，霓霓為來到蘿妮的女孩們，打造無懈可擊的指尖藝術，以及眉眼間自然的仙氣空靈美

Q　Roanny Beauty 蘿妮全方位
美學的服務項目為何？

我們服務項目涵蓋日系風格美甲、日式嫁接睫毛、霧眉紋繡、韓式皮膚管理、美甲教學、創業及檢定輔導等。

大部分來找我們做日系美甲的女孩們，都是喜歡蘿妮偏向清新、素雅又帶有個性的呈現風格，店面空間的設計元素，也是以米白、杏色等淺色系為主，而美甲師們的風格，就是在清新的氛圍中去呈現客人想要的創意元素，這也是我們主力客群最偏愛的路線。

而在訓練美甲師的時候，我也會把店裡的經營策略走向考量在內，我認為，風格的區別是很重要的，像我自己會應用我在小紅書上看到的創意跟配色，用排鑽跟水晶等立體配件去呈現奢華的個性美，而另一位夥伴就是偏重清新素雅的風格。

除了風格之外，美甲的維持度也是蘿妮的優勢之一，例如有時喝醉或一個大動作可能會損傷或折到指甲，但蘿妮的延甲技術是公認的堅固；喜歡排鑽立體設計的的美女們，也時常擔心排鑽會勾到頭髮掉落，所以蘿妮堅持加強訓練員工的包鑽技巧，維持美甲設計款式的牢固效果。

蘿妮有非常多從一開業就跟著我們到現在，需要定期來做美睫或美甲保養的客人，因地段成本關係，我們的價格可以訂得比台北市區許多店面還要優惠，也不會隨意漲價增加客人的負擔，同時使用成分經過認證的進口色膠，讓注重健康的客人能夠安心使用。

圖 |

霙霙在訓練美甲師時，會根據個人的特性及強項，來做風格上的區隔，也讓客人有更多元的選擇

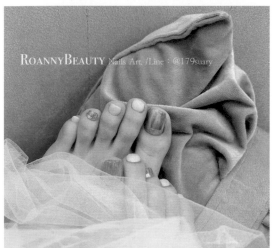

在美睫與霧眉紋繡部分，因蘿妮的客群較為年輕，比較偏好清新、帶有空靈感的風格，因此，蘿妮的美睫與紋繡服務項目，也是針對客群的屬性來設計。我們提供注重根根分明效果的 3D 嫁接美睫與較為濃密的 6D 嫁接美睫，也會根據客人的眼距、眼型、化妝習慣等去進行客製化的設計，讓睫毛的加分效果放到最大，發揮讓眼神清透明亮的效果，這是蘿妮作為「仙女製造機」的重要任務。

霧眉紋繡則是注重清新、自然的漸層妝感效果，同時因為許多客人霧眉一陣子之後，流行趨勢出現變化，原本眉型變得不受歡迎，或是顏色隨著時間而褪去出現橘眉問題，所以我會再去調配色乳成分，讓客人避掉眉毛泛橘的尷尬期。

韓式皮膚管理，是由專業的美容師以預約的方式來提供服務，療程包括 V10 清潔保濕療程、美白療程等，因台灣位處亞熱帶，基礎的毛孔清潔是非常關鍵的保養步驟，V10 清潔保濕療程是最多人指定、也是我自己常做的項目。療程會使用溫感儀器來吸附毛孔的髒汙油脂，徹底清潔後，再導入保濕抗老成分，作完療程後氣色與肌膚質地的提升程度，用肉眼就能輕易辨別。

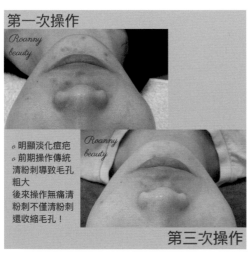
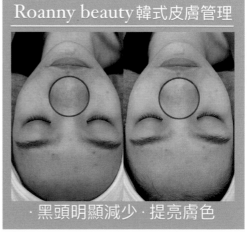

圖｜韓式皮膚管理療程使用溫感儀器來吸附毛孔的髒汙油脂，徹底清潔後，再導入保濕抗老成分

　　美甲教學、檢定及創業輔導部分，除了基本功不可少以外，我也會訓練學生如何與客人交流，如何傾聽需求並給出適當的建議，並採用小班制教學，鼓勵學生們多跟彼此交流學習。我認為，美甲作品，就像是美甲師與客人之間的美感思維交互作用出來的創意結晶，一個好的美甲師，要懂得去理解客人的美感需求，並加入自己的原創性，呈現出一個比客人預期中還要亮眼的作品，溝通能力是整個訓練過程中，不可或缺的一環。

　　我的學生雖然年紀都跟我相差不遠，相處起來如同朋友、同學一般，但是在教學的過程中，我會切換成另一個人，為了凝聚專注力，我會變得很嚴肅，也會讓他們明白，想要入行，真的不是表面上看到的這麼輕鬆簡單。除了輔導參加檢定考試，工作室也預留了學生課後回來練習的空間，另外也開放場地租借，讓學生有機會以低成本簡單創業，使用店裡的耗材做自己的客人，遇到瓶頸，我跟店裡的美甲師都能隨時輔導，這裡就像是學生的娘家一樣。

圖｜面對學生的霙霙，是個嚴厲又慈愛的大家長，除了要精準地傳承技術，也帶著大家衝刺檢定，輔導創業，希望學生在她的照顧之下都能展翅高飛，獨當一面

萬變不離其宗的行銷法則：
把自己顧好

　　品牌經營包含各種細節，舉凡 logo 設計、空間裝潢、燈光、引導待客流程、定價等，身為經營管理者常常必須以一擋百，思考著各種環節該怎麼執行，才能發揮最大的綜效。「身為經營管理者，同時也是在線上服務的技術者，要提供到位的服務，還要帶領學生及員工等，能夠做好這一切的前提是，我要把自己顧好。」霂霂強調。

　　「通常蘿妮的營業時間是中午過後到晚上十二點，我會盡量在午夜十二點之前結束最後一組服務，再結帳、整理店務之後，也會把員工留下來提醒一些注意事項。而在開店時間之內，每一組客人之間我通常不會留空檔，就像接力賽一樣，一組接一組地做下去。大家都叫我工作狂，不是沒有原因的。」她笑著表示。

　　「但就算是工作狂，也要懂得調配自己的體力與時間，舉例來說，我如果一整天的時間，都在做美甲課程，馬不停蹄地設計排鑽、彩繪等，

就會因為體力消耗過度，導致集中力跟精準度直線下降。所以我會看情況調配預約狀況，美甲、美睫跟紋繡的排程都要仔細拿捏，才能在面對客人時，拿出最佳的服務品質。」

　　創業六年多以來，難免碰到各種起伏與考驗，「例如，碰到惰性重的員工或學生，真的是很挑戰我的忍耐力。」霂霂指出：「但是碰到狀況時，管理者如何應對，客人都看在眼裡，經營者的人品，對蘿妮來說，是核心而關鍵的品牌元素。」

　　她舉例說明：「曾經有學生銜接變成員工的案例，雖然技術上合乎標準，作品呈現也是美觀的，但是在店裡的表現非常懶散，上班外出、追劇變成常態，私底下也從客人嘴裡聽到自己被抱怨。起初以我的個性，不會選擇戳破或責罵，為了日後發展都是睜一隻眼閉一隻眼，忍耐到臨界點，剛好員工已經無心繼續待在這裡、主動提出離職，我也就順水推舟地贊成，並沒有說出自己真

美甲全科班

正的想法，當時覺得，想走的人繼續留她下來也毫無意義，不料卻被扭曲成沒有給員工緩衝處理離職的時間，引發後續一連串的矛盾，還在網路上被發表負面評論。當時的我，錯過了很多為自己辯解的時機，因為滿檔的工作量讓我無法分心處理瑣碎的事情，各種層面上，一來一往辯論也顯得沒意義，在旁人的說服下，也就直接不理會了。」

「從這次經驗我學到了危機處理的重要性，也會更細緻地去思考，當人事管理環節或服務環節出現一些意外狀況時，我可以用什麼樣的步驟或 SOP 去應對，雖然當時表面淡定應對，但心理上的確受到了衝擊，也靠著長期的忠實客人開導鼓勵，才漸漸地從這份衝擊感中恢復，但從正面的角度來思考，我同時讓客人真正看到了我高 EQ、處變不驚的一面，她們對我的信賴感也會更加根深蒂固。」

蘿妮不只是一個讓客人掏錢買服務的據點，也是一個讓女孩們交流時尚美麗情報、也彼此交心的秘密基地，「現在除了每個月固定進修，上技術相關課程，我也會報名行銷跟經營管理的課程，因為我意識到，我自己的不斷壯大，就是給客人帶來正能量的強心針，她們認識我以後，不會僅僅驚嘆我工作的瘋狂程度，我認真的模樣，也會激發她們想提升自己的慾望。」

在競爭激烈的美容行業，有些店家靠著廣告預算維持高曝光度，來衝高客流量；也有許多採節慶促銷、折扣促銷策略的店家。而蘿妮全方位美學，不僅是一個美業品牌，也像是一個充滿霓霓個人風格的社群媒體，靠著她嚴謹、體貼又樂於分享的特質，讓社群更加地緊密。

「我覺得這樣的模式會成功，主要是因為我抓準了對的時機、與正確的客群，客群輪廓只要夠清楚，吸引力法則就會自動幫妳『圈粉』，吸引更多對的人來到你的身邊。」

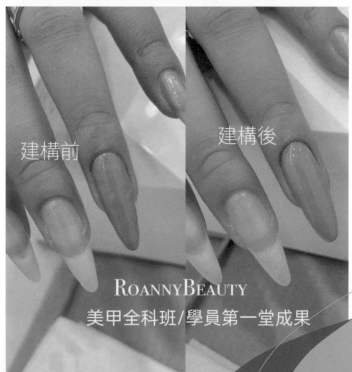

建構前

建構後

RoannyBeauty

美甲全科班/學員第一堂成果

經營者語錄

想做好一件事情，
除了實踐以外，鑽研才是關鍵，
這攸關未來的成績，
也象徵著對自己的期許。

Roanny Beauty

Roanny Beauty
蘿妮全方位美學

店家地址
台北市北投區西安街一段 295 號

Facebook
Roanny Nails 一 美甲 / 保養

Instagram
@roanny_beauty

Google
Roanny 蘿妮美甲美睫設計

Line

BeautyLady

美麗殿棠

你的美肌，
經得起細細檢視

BeautyLady 美麗殿棠 (以下簡稱
BeautyLady) 自 2018 年成立至今，
創辦人棠棠秉持著「讓你變美麗，也
要讓你變開心」的初衷，從諮詢、清
潔、手清粉刺到護膚，堅持提供客人
具有實質效果的美膚體驗，打造禁得
起細細檢視的肌膚質感。

細看 BeautyLady 的 logo 設計，以
Beauty 的 B 為靈感，勾勒出人形側
臉輪廓，整體呈現愛心形狀，充分表
露 BeautyLady 用愛心呵護每一個
人，希望大家從外表到生活的質感，
都能夠美得光彩照人。

打造無濾鏡美肌的推手

　　「當了美容師這幾年下來，我發覺自己越來越像強迫症了。」棠棠笑著表示，一說起「把客人的粉刺處理得清潔溜溜」的成就感，從上揚的語音尾韻，感覺得到她特別興奮，彷彿雙眼都在發光：「通常我的客人在膚況穩定以後，大概根據皮膚自然代謝週期，一兩個月以後再來找我就可以了，只要客人準時出現，預留充裕的時間給我，我都會一次性地把所有粉刺、痘痘、內包、脂肪球等清乾淨，沒辦法忍受那些顆粒瑕疵留在客人的臉上。雖然我會因此需要花更多的時間來服務客人，但那就是我堅持的服務品質所在。」

　　棠棠也表示，目前市面上標榜的「無痛」、「低痛」清粉刺，大部分是針對已經浮出表層的粉刺做處理，搭配加強代謝的護膚療程，讓其他粉刺慢慢地浮出表層，再由美容師手工清理乾淨。這樣的處理方式破壞性較小，但相對需要比較多次的療程，不同的作法各有優缺點。

圖｜
BeautyLady 美麗殿棠創辦人棠棠，白 2018 年成立品牌以來，憑藉一己之力，不以衝客單量為目標，而是致力將每位客人的肌膚狀態，提升到最理想的境界

「如果用這種相對慢速的處理方式，客人可能隔一兩個禮拜就要找美容師報到，在毛孔清理乾淨之前，要做進階的美白等護膚課程，效果也比較有限；而我的客人，就是比較偏好一次處理到位的類型，脖子以上的顆粒，我都會清得乾乾淨淨。」棠棠補充說明：「清粉刺這個步驟，一次性處理得越徹底，搭配合適的居家保養品，客人每次回來就會慢慢發現，清粉刺的步驟時程逐漸縮短，她們就能夠有更充裕的時間，享受比較放鬆、且能發揮不同效果的保養課程。但如果客人有出席重要場合的需求，或是安排不能有傷口的行程如潛水、出遊曬太陽等，也可以選擇低破壞性的處理方式，等下次再大掃除，這都是可以討論調整的。」

圖｜BeautyLady 極為重視粉刺清理這個基礎步驟，從額頭、鼻頭、臉頰到下巴頸部邊緣等，都要將粉刺、痘痘、內疱、肉芽等瑕疵顆粒清理得乾乾淨淨

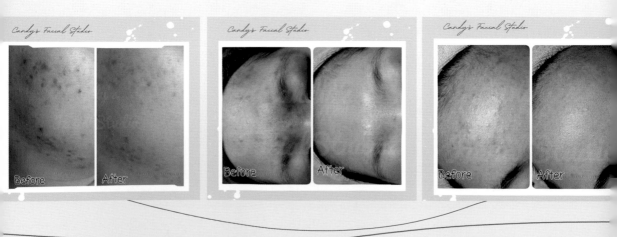

　　為了幫客人打造無瑕的肌底，BeautyLady 會為每組客人預留二至三個小時，用充裕的時間做好基本的清理步驟。「如此一來，客人的居家保養只要顧好保濕這個環節就好，也不需要購買太多保養品。但如果是皮脂腺分泌較旺盛、臉部出油狀況明顯的人，可以搭配藻針煥膚課程，加強代謝老廢角質，或是搭配居家使用的液態皮秒精華、藻針霜等來達到控油、促進代謝的效果。」

　　棠棠強調，拍照時使用美肌濾鏡，跟真正能夠用肉眼近距離檢視的美肌，是完全不一樣的境界，美容師燃燒自己的體力，長時間在燈下進行清粉刺等微距工作，為的就是幫每個人打造「肉眼可見」的美麗肌膚，更進一步來說，美肌保養不止於臉部，而是連背部等身體部位都需要好好地關注與呵護。

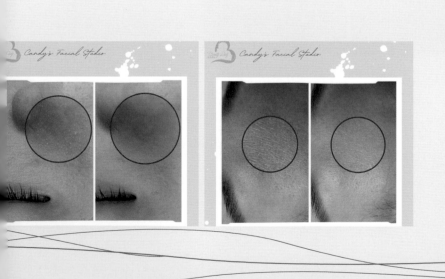

美背護理：
居家保養難以觸及的領域

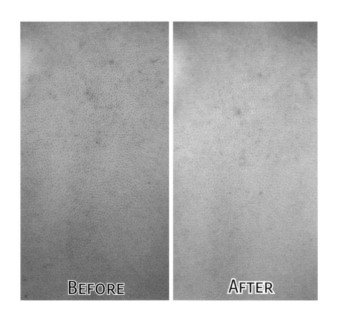

圖｜圖左為背部肌膚護理前，圖右為護理後的效果，
可看出經過護理的背部肌膚，不但毛孔暗沉明顯淡化，膚色也變得更加白皙透亮

　　「至於我會開始著眼美背護理這個區塊，其實也是因緣際會，當時男友看到我背上的肌膚狀況，無心地說了一句：『你背上的毛孔怎麼這麼黑。』就是那句話！讓我非常在意，進而開始仔細護理背部的肌膚，並將我學到知識跟手法，應用在有類似狀況的客人身上。」

　　棠棠補充說明：「其實背部護理真的是一個常常被忽略的區塊，主要原因是，平常照鏡子很少照到自己的背，像冬天時背部又被衣服遮蓋起來，有什麼變化不容易察覺，但冬天其實是背部肌膚最容易出狀況的時候。」她舉例說明，因背部皮脂腺分佈相對密集，一般人在洗澡時，要把自己的背洗刷乾淨也比較困難，因此，因流汗或穿著不透氣衣物而導致的毛孔阻塞問題極為常見。「如果毛孔阻塞又無法適當處理，到了夏天，想要穿得露一點、辣一點的女孩們，就容易被痘痘、以及延伸出來的痘疤問題所困擾。」

　　「我覺得護膚就是要在能力所及的範圍內，讓肌膚達到一個無瑕而光滑的理想狀態，所以當我看到臉部護理得白淨漂亮的女生，背上有很明顯的痘痘、痘疤或毛孔暗沉的痕跡，就會忍不住覺得很可惜。臉上或身體的肌膚都要禁得起細看，這是我不變的信念。」棠棠表示，背部美膚護理的流程步驟與臉部護理相去不遠：「大顆的粉刺需要美容師手工清理，常見的毛孔堵塞暗沉問題，可以使用藻針煥膚或是 MTS 微針等比較高效的療程，加強角質代謝及減少油脂分泌，幫助膚況改善，大部分的人只要一季做一次背部護理，就能維持膚況穩定，夏天來了也可以放心地穿削肩洋裝、比基尼等，大方露出自己的美背。」

「經營個人工作室，從服務、行政、宣傳到財務管理都一手包辦，我認為最重要的原則是，在能力所及範圍內，把自己保持在最佳狀態，才能端出精準到位的服務品質，讓客人信任你。」棠棠表示，如果是複合式沙龍，從美甲、美睫、護膚、紋繡提供一站式服務的店家，在人力與空間充足的前提之下，光是護膚就可以含括清粉刺、韓式皮膚管理、金箔護膚、葉綠素療程等各種儀器及五花八門的項目。「然而小而美的個人工作室，也有它的優勢所在：我可以自行訂定我認為適合的服務時間及流程，沒有客單量跟業績壓力，就是專注地面對每一位客人。我跟客人介紹的護膚療程與產品，都是我親身體驗過一段時間，確認安全性及效果後，以個人的角度來分享的。」

　　目前 BeautyLady 的美容護膚項目以手工清粉刺為核心，搭配吸附毛孔髒污與油脂的水飛梭儀器，與促進代謝、肌膚修復的微針與藻針煥膚療程。「我的療程基本上沒有酸類療程，一方面怕客人過敏，另一個原因是我覺得療程驚艷度沒有達到我的標準。我所使用的產品都會自己實測至少三個月後，皮膚沒有產生過敏或其他不良反應，而且看得出實質的效果，才會納入 BeautyLady 的服務項目。通常拓展服務項目的契機，都是在跟客人的對話當中，覺察到她們對於某些特定項目有興趣，希望我能夠加進服務，我也會舉辦票選，選擇被『敲碗』最熱烈的項目來進修，扮演一個許願池的角色。」

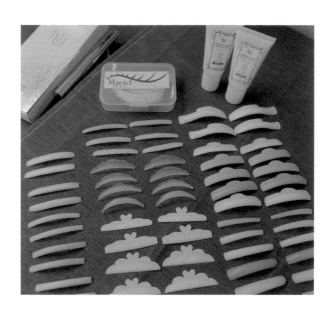

圖｜棠棠表示，角蛋白美睫領域有許多眉角要顧及，從墊片
選擇、位置擺放、睫毛排列到時間控制，每一個細節都攸關
作品的美觀程度

棠棠表示：「因應客人的要求，BeautyLady 從 2021 年起開始提供角蛋白美睫服務，在那之前，我其實有上過相關的課程，而當時呈現出來的睫毛排列效果，真的完全沒辦法符合我的標準，於是我前前後後上了三、四位不同老師的課，從墊片的選擇、放置位子，到睫毛的排列、藥劑時間控制，甚至拍照的角度、光線調整等都要鑽研到最精確的境界，因為不同老師對於細節的處理方式都不一樣，我也要先了解這些手法的異同之處，才能融會貫通衍生出一套我自己操作起來最順手、效果最好的方式。」

棠棠每次操作完角蛋白美睫後，拍完成果照，都會把照片放大再放大，仔細地檢視毛流角度是否符合預期、睫毛排列是否美觀等細節，也會反覆思量，在流程時間控制上，能否做得更精準。至今棠棠仍會透過線上學習的方式，學習最新的美睫手法技術，來優化自己的服務流程。捨棄華麗的話術與包裝，棠棠透過 BeautyLady 的臉書與 Instagram 頁面，針對每一項服務，詳細地說明保養原理、效果及適合對象等，把客人及閱聽受眾當成朋友來互動，詳實地分享自己對於護膚保養與角蛋白美睫的專業知識。她強調：「不能為了推銷而推銷，再好的服務項目，也要碰上對的人，才能發揮它該有的效果。」而 BeautyLady 的核心優勢，就是來自棠棠對待每一位客人的真誠與用心。

圖｜以原生睫毛為基底的角蛋白美睫，美觀與否，取決於睫毛的弧度與排列是否得宜

Eyelash

BeautyLady 美麗殿棠

Eyelash

BeautyLady 美麗殿棠

Eyelash

BeautyLady 美麗殿棠

Eyelash

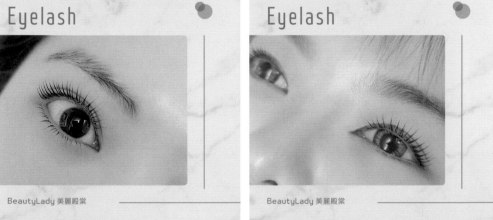

BeautyLady 美麗殿棠

Eyelash

BeautyLady 美麗殿棠

Eyelash

BeautyLady 美麗殿棠

美容師與客人之間的吸引力法則

「我認為，所謂服務的好壞，是取決於業者的服務，能不能吸引到對的客人；當美容師真心認同並熱愛自己所做的事情，就能吸引到價值觀類似、意氣投合的顧客。」

護理系畢業的棠棠，結束醫院實習後就決定離開醫院，去追尋更適合自己的職涯方向。「我的個性是比較外向、大喇喇的類型，當時覺得這樣的個性，不太適合待在醫院，於是轉往診所任職，同時也投身保險業，帶我進入美容行業的第一位老師，就是我當時在保險業的客戶。說起來很有趣，剛開始，老師是聽我說想要考保母執照，在家照顧孩子增加收入，她就立刻跟我分享，說要增加收入不如試試看美容行業，我也就抱著姑且一試的心情去進修、開業直到現在。」

棠棠笑著表示：「我除了可以給客人護膚上的建議，也可以提供健康上的建議，讓客人各方面都越來越好。隨著膚質改善的客人越來越多，心裡的成就感是等比增加的，現在回去看剛入行時的照片，還會覺得自己清粉刺應該要再更徹底一點，好想搭時光機再回去重新操作一次。」她表示，隨著經驗增長，美容師的手對於肌膚觸感的敏銳度也會增加，「一摸到臉上的顆粒，就沒辦法忽略，一定要幫客人清理掉，這就是美容師的強迫症。」

「剛開業的時候，沒有什麼資本去做大規模的宣傳，我就會以自己的服務據點基隆、板橋為根據，在臉書上的在地人社團自我介紹，或在各種 line 群組裡介紹自己的工作室，吸引新客人來體驗服務。不花

成本的宣傳，仍然有一定的效果，目前為止有許多客人都是因為有美容做臉的需求，搜尋社團歷史文章，才找到 BeautyLady。有了基礎的客戶群，接下來的步驟，就是要讓服務細節盡善盡美，深化與顧客的關係，這樣她們才會願意讓我知道她們的需求與願望，並成為固定客，同時也會介紹朋友，一起來我這裡變漂亮。」

她舉例說明：「我之所以每個服務時段會預留二至三個小時，除了要徹底執行清潔保養步驟之外，我也不希望前一個時段跟下一個時段的客人『強碰』，客人或許不介意時段重疊，自己稍微等一下，但是當前一個客人的保養進入尾聲，正在敷面膜休息，或是想要小睡一下

的時候，下一個客人推門進來的聲響與話語聲，就會干擾到這段休息放鬆的時光，所以一定要預留緩衝時間。」

同時，棠棠也認為，在客人來來去去之間，美容師自己預留充電休息的時間，也是很重要的。「時有所聞業內的美容師為了衝客單量，馬不停蹄地服務，搞到自己沒時間吃飯導致胃食道逆流等，而經營自己的工作室沒有業績壓力，我一天最多只會接四組客人，中間會好好地讓自己休息，精神恢復到最好的狀態才去面對客人。」

棠棠深信，優質服務的起點，從觀察開始，「例如，客人一進來觀察皮膚狀況，我就能知道這個客人是不是有抽菸或熬夜的習慣，甚至

可以從長痘痘的部位，判斷飲食該怎麼調整，這也是從我個人經驗中學到的知識。有一段時期，我的側臉出現很多內疱，一直重複著清完又長、無限循環的狀態，後來去上了一個飲食調理課程，開始進行無麩飲食，每天三餐都自己料理，帶著便當出門，很快內疱狀況就大有改善，認知到飲食調理對於肌膚的影響之後，我也開始在護膚諮詢的環節中，加入飲食建議。」

「例如長在額頭的痘痘，很多成因是來自於咖啡因攝取太多，或是生活壓力太大；針對奶類食品造成的過敏，則會反映在下巴的膚況；鼻子、唇周長痘痘的成因有可能是腸胃問題；思慮過多的人眉心容易長痘痘等。」棠棠表示：「其實我也不主張太嚴格的飲食控制，像我自己，在持續進行無麩飲食一陣子之後，碰到麵類等含麩食物，就會開始胃痛。所以我會建議在期待膚況好轉的前提之下，可以進行適度的飲食調整，但過程中一定要觀察身體有沒有不良反應，不要用太極端的方式去執行任何步驟，以免得不償失。」

棠棠的處事原則是任何步驟、環節都要做得精準到位，但同時也要思考可行性，「在時間上、生活上把自己綁得太緊，不但會影響自己的生活品質，也會影響到客人的服務體驗。」

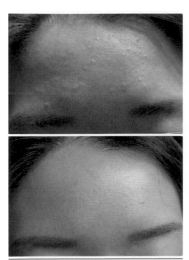

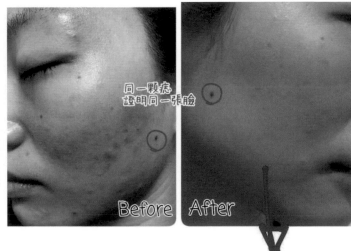

同一顆痣
證明同一張臉

Before　After

摸起來平平滑滑的

圖｜棠棠曾經運用飲食調整策略，成功改善了自己的膚質，如今她不但會提供客人護膚上的建議，也會提供健康管理及飲食建議，幫助客人獲得更顯著的膚質提升效果

不急躁冒進、穩紮穩打的經營風格

「在我的粉專或 Instagram 上，可以看到很多痘痘肌的客人，在進行護膚及煥膚療程後，皮膚的平滑度跟光澤都有明顯改善。」棠棠強調：「但如果真的是滿臉爛痘、臉部發炎情況太嚴重的人，我會直接請她去皮膚科掛號，至少先用藥物改善發炎的狀況，再回來找我做護膚療程。」棠棠認為，美容師與皮膚專科醫生各有所長，處理的領域也不一樣。「如果是發炎太嚴重的狀況，我還是可以用消毒過的工具幫她把痘痘清出來，但那整個過程，對客人來說真的很不舒服，我寧可少收她幾次費用，讓她先透過藥物改善之後，再來做護膚，心理的壓力也不會那麼大。」

棠棠指出：「在做決策之前，例如要不要增加服務項目等，我會先考慮，以現有的人力、空間跟時間，我有沒有把握做好這件事情、這件事情對客人有沒有幫助，如果有一點猶疑不定，我就不會貿然執行。」

創業以來，未曾下廣告做宣傳的棠棠，累積的穩定客群，也已經讓她的時間滿載：「我其實是很喜歡學習新事物的人，但是接觸新知是一回事，能夠運用在客人身上，又是另一回事。像我曾經考慮過學習嫁接睫毛，讓睫毛設計的款式能夠有更多的變化，但我知道自己很著重細節，又有點強迫症，如果一腳踏入新領域開始鑽研，時間上可能就無法滿足現在客人的需求，所以我會先維持個人工作室的模式，再給自己一些時間，慢慢地去探索擴編團隊或其他的可能性。」

「目前我正在學習的領域，是比較新型態的美胸療程，利用中醫為基礎的點穴導引，透過手法疏通穴點經絡的通道及打開深層打結的筋膜、肌腱等，讓胸部可以回到原本的位置，除了痛感較低外，也可以讓身體放鬆。除了自己進修之外，我也請朋友去找我的老師體驗，再提供真實的顧客反饋給我。」棠棠表示，要擴展新的服務項目，除了自己要有鑽研的興趣，也要搭配市場調查與真實的顧客回饋，才能讓時間與金錢花得有價值。

「美容業品牌的價值，就在於能不能找到真心認同自己的客戶，隨著客戶需求的變化，美容師也要不斷的成長，讓自己給出去的東西，跟客戶所需要的事物，往同一個方向前進，這才是業者與客戶之間關係的基石。」

圖｜開業以來棠棠拯救了無數痘痘粉刺肌客人，但她也很務實貼心的建議：「臉部嚴重發炎的情況下來做臉真的很痛苦，還是先去看醫生，再來找我吧！」

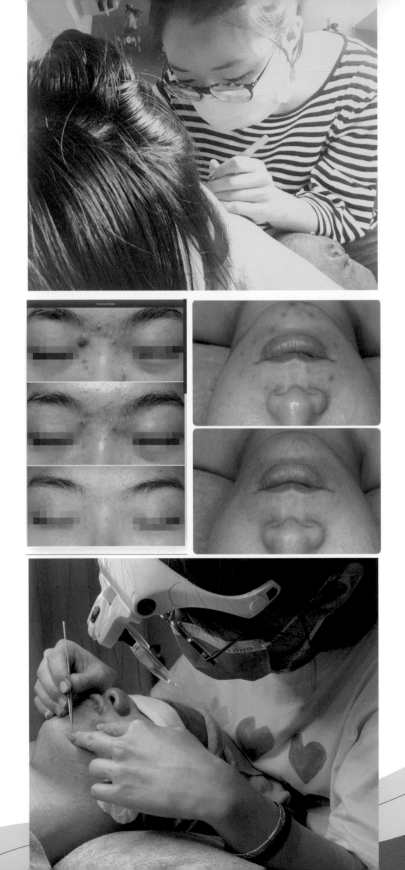

經營者語錄

你投入的每一分努力
都不會白費，
熬得住就出眾，
熬不住就出局。

BeautyLady
美麗殿棠

Facebook
BeautyLady 美麗殿棠

Instagram
@my.beautylady

Line

婕絲專業美妍館

屬於你的「美」
一直在那裡，
只要你懂「它」

用「美」來改寫「人生」是婕絲專業美妍館的經營理念，一直以來，創辦人黃羚睿（Lydia）鼓勵並協助顧客，找到自己的美、認識自己的美，將自己的「美學九宮格」連成直線，譜出「美麗人生」。

從事美業已十餘年之久的 Lydia，曾飽受痘痘肌之苦，為了變美，她從護理師轉職成為美容師，這個決定不僅讓她找回健康無瑕的肌膚，也讓她累積了處理痘痘、敏感肌的豐富經驗，並尋找出根除肌膚問題的有效解方。

告別高薪的護理工作，從學徒到出師

　　五專就讀輔英科技大學護理科的 Lydia，畢業後就到醫院擔任護理師，由於醫院工作需要輪班，一直困擾她的痘痘肌膚更是雪上加霜。因長期在美容沙龍治療皮膚，有感於沙龍對皮膚的幫助，激起她想要學習這門技能的動力，於是在醫院工作三年後，她決定轉換跑道擔任美容院學徒，拿著僅僅一萬兩千元的微薄薪資，從基礎的美容護膚保養學起。詢問 Lydia 當初離開護理師的高薪工作，難道不覺得可惜嗎？她笑說：「當時我對自己的職涯規劃沒有太多想法，單純希望皮膚能變好。」

　　即使學徒與護理師的薪水有巨大的落差，Lydia 也不在意，僅僅希望能紮實地習得清粉刺及痘痘的技巧；在用心學習下，她很快地發現美容沙龍能學的東西越來越少，為了更深入美容專業，並且培養多面向的能力，當時的 Lydia 決定應徵醫美診所的美容師工作。在醫美診所工作期間，Lydia 得以近距離在醫生身旁，學習皮膚生理學和病理學等相關知識，以及各種手術的前後護理、酸類煥膚的完整流程，還有機會熟悉國內外最新儀器的種類和差異，甚至各種美容微整形的做法，她也如數家珍。

　　Lydia 分析：「美容沙龍在護膚上，往往比較注重顧客的感受，美容師有充裕的時間提供按摩和護膚服務，相比之下，醫美診所的護膚流程更為簡約。以清粉刺來說，在步調快速且有服務時間限制的醫美診所，我們無法花更長的時間，幫顧客完全清除痘痘和粉刺。」每每送走顧客時，Lydia 都為自己無法提供百分之百的服務而感到挫折，這也讓她萌生了創業的想法。

圖｜相較於在醫美診所工作，創業後的 Lydia 得以提供更高質量的美容服務

創業斜槓，蠟燭兩頭燒的忙碌生活

儘管 Lydia 想要離開醫美診所獨自創業，但她也擔心開了工作室，初期無法快速累積顧客，因此在草創期，她採取「斜槓」的方式，在醫美診所全職工作，並善加利用空班時間，在工作室接待顧客。

當時每天的工作時間高達十二個小時，最初預約工作室服務的顧客大多來自家人與朋友推薦。很快地，憑藉她細心的工作態度和專業技術，工作室累積了越來越多忠誠顧客。

Lydia 表示：「當時我不敢貿然離開診所，有個很重要的原因是過去我沒有在連鎖沙龍工作的經驗，不太知道該如何銷售課程或產品，因此在經營工作室時相當隨性、沒打什麼廣告，但當時也會擔心，會不會因為不懂推銷，而無法開發新顧客。」但正如這句話：你所擔心的事，有九成不會發生。Lydia 沒有做太多行銷活動，也沒有從醫美診所帶走任何一位顧客，僅憑一身好功夫，預約數不斷增加。在 2010 年累積了足夠經驗和顧客，Lydia 決定辭退醫美診所的正職工作，正式單飛。

圖｜不僅處理外在的皮膚問題，Lydia 也鼓勵顧客發現自己與生俱來的美好之處

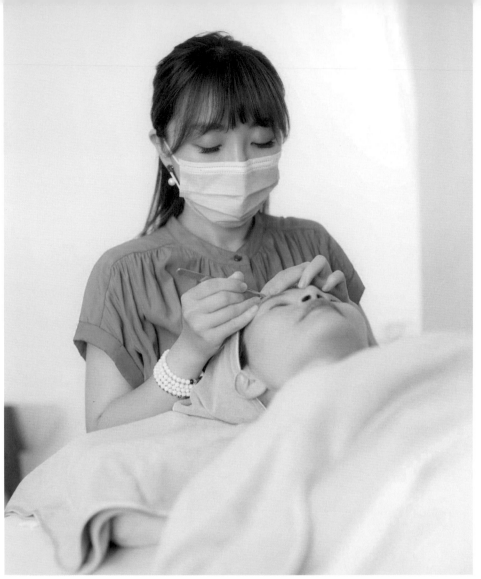

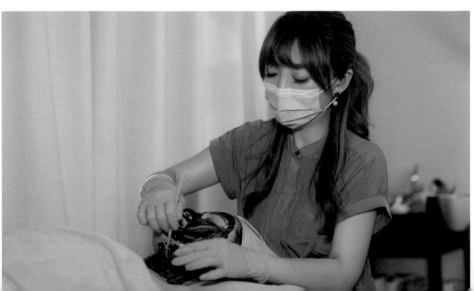

耐心陪伴顧客修復肌膚，
根治各種皮膚的疑難雜症

由於也曾因為反覆的痘痘問題，深感煩惱，久病成良醫的 Lydia 在皮膚變好後，全心全意鑽研肌膚問題，希望破解顧客皮膚的任何疑難雜症，每當顧客前來求助時，她總是耐心了解顧客肌膚的病史，這讓不少顧客僅僅在婕絲專業美妍館體驗一次後，就被 Lydia 的護膚技術和專業知識圈粉。

Lydia 在創業初期服務過一位敏感性肌膚顧客，顧客在療程結束後產生皮膚發癢的狀況，一開始面對這樣的問題，她感到非常挫折；但這個問題同時也激勵她，一定要找出解決敏感性肌膚的方法。「直到今天，我能有自信地說，任何肌膚問題都難不倒我，只要給我時間，我都能將它們解決。」Lydia 表示。

不少顧客由於長期塗抹類固醇藥膏，而導致「激素依賴性皮炎」，每每看到顧客像過去的自己，希望能有漂亮、健康的肌膚，但總是事與願違，這讓她感到相當不捨。Lydia 表示，許多人都稱類固醇是「美國仙丹」，

但由於長期使用類固醇，身體的記憶細胞會產生某種機制，只要皮膚搔癢，身體不會自然痊癒，必須長期仰賴類固醇、而長期使用類固醇則會導致皮膚問題每況愈下。

詢問 Lydia 在創業的這十幾個年頭，是否有哪些時刻較為辛苦，她說：「大概是處理這種長期使用類固醇的皮膚吧！有個顧客因為丈夫是藥師，一直以來丈夫都認為，皮膚問題只有皮膚科能處理，無法理解為什麼妻子要求助於沙龍，加上調理被類固醇破壞的肌膚，起碼需要耗時半年，有時候顧客沈不住氣，在面對因好轉反應帶來的脫皮修復期，我們雙方都非常煎熬。」

在陪伴顧客度過難熬的皮膚修復期，Lydia 不僅是個專業的美容師，仔細觀察顧客皮膚的反應，並給予對應的協助，同時她也要扮演心靈戰友的角色，傾聽顧客過程中的煎熬心聲，並給予他們情緒和心靈上的支持。

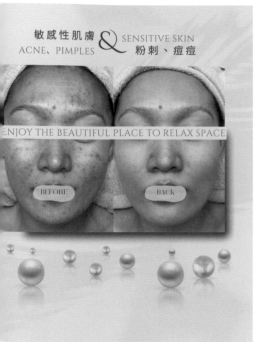

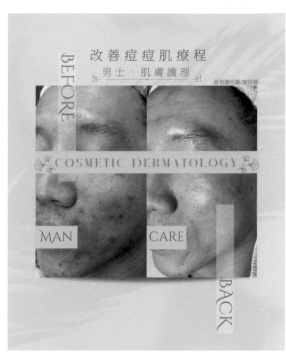

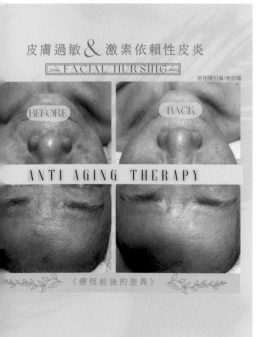

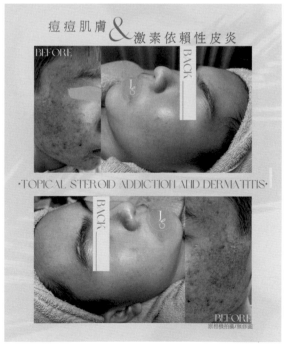

圖｜全心全意鑽研肌膚問題，破解顧客皮膚上的各種疑難雜症

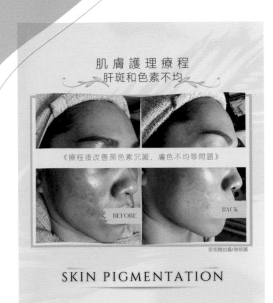

肌膚護理療程
肝斑和色素不均

《療程後改善黑色素沉澱、膚色不均等問題》

BEFORE　　　BACK

原相機拍攝/無修圖

SKIN PIGMENTATION

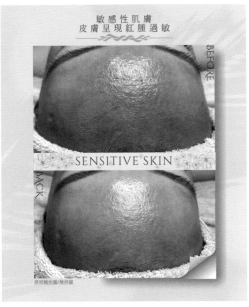

敏感性肌膚
皮膚呈現紅腫過敏

BEFORE

SENSITIVE SKIN

BACK

原相機拍攝/無修圖

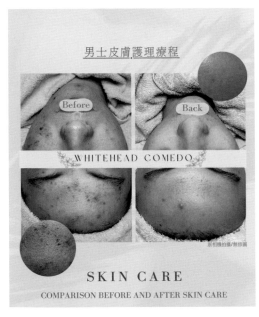

男士皮膚護理療程

Before　　　Back

WHITEHEAD COMEDO

原相機拍攝/無修圖

SKIN CARE

COMPARISON BEFORE AND AFTER SKIN CARE

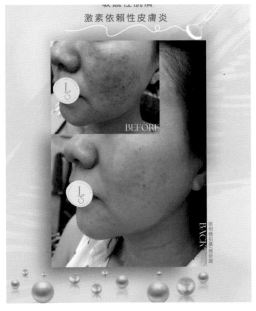

敏感性肌膚
激素依賴性皮膚炎

BEFORE

BACK

原相機拍攝/無修圖

圖｜護理背景的 Lydia 總能給顧客最佳建議，並提供最具效果的服務

雙管齊下：
外部‧問題治療 × 內部‧建立信心

有位顧客初來工作室時，皮膚暗沉、臉色黯然，整個人看起來相當沒精神，諮詢時，顧客嘴邊總掛著一些負面的言詞，但 Lydia 發現她的五官其實相當精緻，只是被生病的皮膚遮蓋住，她試著鼓勵並引導顧客，讓她明白，被問題肌膚掩蓋住的她其實很美。Lydia 認為，身為美容師，就需幫助顧客抹去那層塵埃，展現原本就存在的美：「我覺得美容師的工作不僅僅是幫助顧客處理皮膚表面問題，更必須讓顧客看到自己的美。」

2022 年 4 月左右，一位多年不見的老朋友找上 Lydia，卻遲遲不願脫下口罩，原來是因保養品使用不當，造成黑斑生成、細紋顯露、皮膚鬆弛，讓她每天都不敢照鏡子，甚至內心感到厭世。認識多年的朋友，此時也發覺 Lydia 的樣子比以前更年輕，肌膚更有光澤，閒聊之下才驚覺，原來自己之前的保養方式完全錯誤。

Lydia 與朋友分享正確的皮膚保養之道，並解析皮膚問題，朋友當下接受皮膚治療計劃，熱切地希望改善當前問題。除了定期回到婕絲專業美妍館進行療程，在家也認真依循衛教方式調理皮膚；此外，她也使用適合的保養品照顧肌膚，更食用能協同作用的營養品，幫助皮膚重拾健康。短短不到三個月，她臉上的斑塊漸漸退去，皮膚也恢復了昔日的光澤，親朋好友都不敢置信的說：「這麼短的時間竟然可以讓肌膚改善那麼多！」

在處理臉部肌膚問題的同時，Lydia 也發現朋友的身上，佈滿一顆一顆不明突起物，詢問之下才發現這狀況已困擾她八年之久，因此不管天氣有多炎熱，都必須穿著高領及長袖衣服來掩飾身上的突起物。最讓她感到疲憊的是，八年來得不斷跑醫院做處理，卻依然無法解決問題，有著護理底子的 Lydia，幫助她以更為溫和的物理方式及飲食改變來調養身體，在不斷的堅持努力後，她終於能穿上美麗的削肩洋裝，人生也不再被肌膚問題給束縛住。每每看見顧客恢復健康的狀態，Lydia 心裡總有著莫名的感動。

別輕忽青春期孩子的痘痘問題，
「自信、自卑」一字之差卻有著天壤之別

　　很多青春期的孩子們深受痘痘困擾，大部分孩子的媽媽都曾告訴 Lydia：「孩子為了不讓別人看到他滿臉痘痘，一整天都用口罩遮住臉，甚至在家裡也不願意摘下口罩，走路永遠低著頭，連吃飯時都遮掩著吃。」這樣因痘痘而產生的自卑心態，Lydia 相當理解。因為了解青春期孩子們的心理狀態，因此每每接觸這些孩子，她都花費不少心思鼓勵他們，她認為，青春期的皮膚狀況不難治療，此時孩子的皮膚有非常好的自我修護能力，只要把握治療的黃金時期，使用正確的治療方法，很快就能恢復健康的皮膚。

　　Lydia 真誠地呼籲父母：「一定要正視青春期孩子們的皮膚問題，千萬不要讓孩子因臉上痘痘而長期處於自卑狀態，更不要留下難以治療的坑洞。」

圖左｜ Lydia 正確的護理方式，讓不少青春期的孩子脫離痘痘肌膚的困擾
圖右｜ Lydia 是一位擁有匠人精神的護膚導師，有著不少擔任講師和評審的經驗

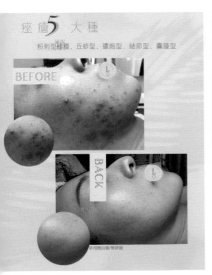

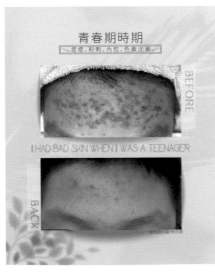

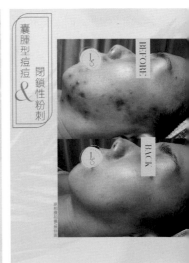

教學理念：期盼學生青出於藍

Lydia 擁有多項證照，如國家美容丙級評審、國家美容丙級證照、國家美容乙級證照、紋繡 TNL 一級和二級檢定合格、新北市髮藝美容造型產業工會第五屆教育講師、艾緹兒熱蠟美肌全科班講師證書、APHCA 國際熱蠟除毛師技術認定證照及技術講師證照等等。

一直以來，不少人因為體驗過 Lydia 的好手藝，也見識她在美業上的執著，而興起拜師學藝的想法。比起自己已相當熟稔的美業工作，教學對她而言，更是一件需要做足萬全準備、全心全意付出的工作，絕不能等閒視之，因此目前教學計劃推遲許久，希望能有更全面的準備再開班授課。

「我希望來學習的學生們都能比我更優秀。學習美容是個高成本的事情，創業也很花錢，我要他們將學會的理論知識和實務技巧，實際運用在職場上，來提升生活水準。」Lydia 認為教師有相當神聖的使命，不僅在課堂上教導學生，更要幫助他們解決執業時的疑難雜症。「當老師的，不能只想著利益，有些學生學完後，如果碰到不知道如何應對的顧客，都會撥電話請求老師支援。他們無時無刻都需要你，因此我會把我的學生，當作自己的孩子，不只是教他們，也會持續幫助他們。」

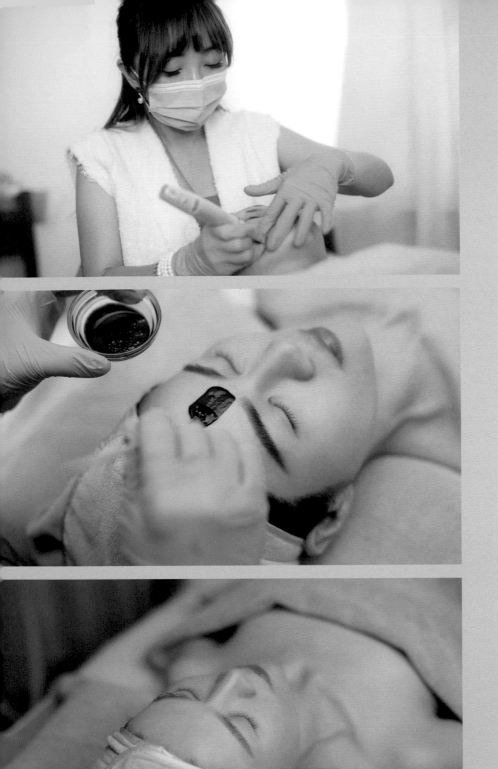

針對顧客需求，
打造獨一無二的課程

　　由於每個人的體質都是獨一無二的，美容師往往無法將課程一體適用於所有顧客身上，必須根據顧客的膚質狀態和體質，量身訂製皮膚保養課程，並配合肌膚再生原理，激發皮膚修復能力，才能達到肌膚保養的最佳功效。

　　婕絲專業美妍館皮膚管理最大的特色是，能以保養的方式達到醫美效果，Lydia 會分析每個顧客的肌膚狀態，並依不同體質、病因和年齡的肌膚，客製化專屬的保養課程。因擁有護理背景、曾擔任皮膚科護理師，她對於病患使用藥物後的生理反應相當了解。許多顧客信賴她的皮膚專業知識，在尋求協助時，便會主動告知自己目前的皮膚用藥，讓 Lydia 對自己的肌膚有全盤性的了解。

圖上｜ Lydia 兢兢業業地為顧客提供美容服務，未來也會規劃一系列教學課程

圖下｜婕絲專業美研館的皮膚管理能以客製化的療程達到醫美效果

莫忘初衷，保持服務的恆溫熱情

儘管從事美業已十餘年，Lydia 仍舊保有當初學習美容的初心，她總是希望能在最短的時間內，幫助顧客找回健康的肌膚狀態，每一次的服務，她必定全力以赴，清除痘痘和粉刺時也希望一步到位，讓顧客皮膚能盡快康復，不希望顧客花太多的時間和金錢回訪。

Lydia 表示：「現在碰到任何皮膚問題，我都能處理，這也是我保有熱忱的重要原因，雖然比起紋繡和美睫，皮膚管理的項目無法讓顧客立即變美，但隨著每次課程的進展，親眼看見顧客肌膚好轉的變化，這為我帶來相當大的成就感。」

在美業的各種服務中，護膚保養服務對於美容師而言，絕對是一大挑戰，有時候即使美容師想方設法，顧客的皮膚仍舊毫無起色，這或許就是「挑戰在哪裡，成就也在那裡」。每每顧客告訴 Lydia，自己已經看過無數的中西醫，也使用過許多不同的產品和醫美療程，但唯有在婕絲專業美妍館，才能讓皮膚變得更穩定也更好，這些話讓她更堅信，未來要繼續鑽研美容美體保養，幫助更多找不到問題解方的顧客。

從事美業並開業，這個決定一開始並沒有出現在 Lydia 的生命藍圖中，但由於自己的皮膚問題，促使她一頭栽進美容的世界中，每個階段的工作，也讓她在美容美體產業裡獲得不同的養分，她廣博的美容知識和深得人心的服務，獲得不少顧客的信賴，但她不因此感到驕傲，對她而言，更重要的是「顧客找回了昔日的自信和美好的狀態」。

詢問 Lydia 品牌下個階段的規劃，她認為教學計劃勢在必行，專業需要分享與傳承，才能讓台灣美業有更多的發展與能量。Lydia 或許不是一個最具舞台魅力的教學講師，但相信她是一個最具同理心，也最願意為學生著想的好老師。

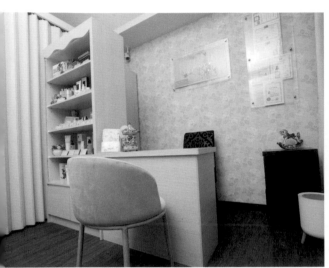

圖｜位於高雄的婕絲專業美妍館是許多女孩變得更加迷人的秘密

學無止盡，追求卓越沒有終點

很多人都認為從事美業，技術比知識重要，但真正厲害的美業工作者，不只時時精進技術，更要不斷吸收新知、強化自身實力。儘管 Lydia 在美業已是許多人心中的資深前輩，她仍舊在忙碌的工作和家庭生活之餘，努力擠出時間進修。

她重返校園，就讀嘉南藥理大學化妝品應用與管理系，學習化妝品原料的檢驗和分析，及皮膚生理學與化妝品微生物等知識，並修習營養學，希望幫助顧客從裡而外變得更加光彩美麗。除此之外，她也持續進修各式各樣的美容課程，她認為學無止盡，一個美容師再怎麼專業，透過學習，還是能在操作手法和服務流程上獲得啟發。

好好愛自己，此刻活出最美好的樣子

「變美」是絕大多數人熱衷追求的事，當女人變美時，也意味著自己全方面變得更優秀，人生也會隨之改變。一直以來，Lydia 都是一位擁有匠人精神的護膚導師，用匠人式精神打造自我、用匠人式專業打磨每個工作細節、用匠人式服務陪伴每一位客戶，陪伴她們一起用精益求精的匠人精神，追尋美也創造美。

從事一個讓人變美的工作讓 Lydia 堅信，必須要擁有執著的態度，才能真正讓顧客變得更美且更健康，由於顧客的信任，美容師有責任讓每一位顧客不僅變美、也美的與眾不同，更擁有強大的自信。

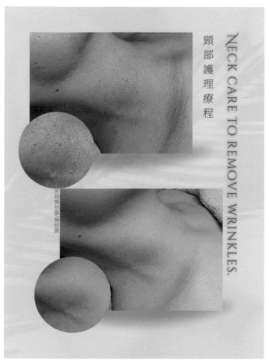

頸部護理療程

NECK CARE TO REMOVE WRINKLES.

半永久定妝

EYELINER

隱形美瞳線

MICROBLADING

半永久定妝

MICROBLADING LIPS

晶潤粉霏唇

半永久定妝

MICROBLADING

精緻霧眉

EYEBROWS

自然裸妝

經營者語錄

婕絲帶領你重回健康肌膚，
但維持健康的膚質來自於
你的決定與堅持，
重點是「只要你願意」。

婕絲專業美妍館

店家地址
高雄市三民區澄和路 132 號 2 樓

聯絡電話
0927 273 955

Facebook
婕絲專業美妍館

Instagram
@lydia_js_beauty

芊姿 SPA 美學

以專業使人信服，
體驗一次
就被圈粉

在台北這個熱鬧的大城市，美容美體店家比比皆是，在激烈的競爭下，各家沙龍努力求新求變，露出各種吸睛的文案來爭奪消費者的注意力。但美容美體產業終究是技術導向的領域，若是服務品質不穩定、療程效果不顯著、核心技術不突出，即使有再美的裝潢、吸睛的行銷，顧客也很可能只是一次性消費。

畢業於強恕高中美容科的陳芊樺（芊子），高中開始踏進美容產業，她沒有三寸不爛之舌，也沒有網美沙龍的豪華裝潢，單憑她紮實的美容技術和真誠的待客之心，多數人第一次體驗芊姿 SPA 美學 (以下簡稱芊姿) 的服務後，都死心踏地成為忠實顧客。

化逆境為力量，建教合作使芊子萌芽

　　家鄉位於苗栗，芊子在純樸的環境中成長，比起同齡的孩子，身上多了一股無堅不摧的毅力。成熟的芊子有感於父母經濟壓力，想著能盡早替家裡分擔，便主動提出半工半讀的想法，並報名強恕高中的美容科建教合作班，除了能分擔家中經濟，更能學習一技之長。

　　當時台灣的建教合作並不普及，父母認為選擇建教合作的學生，都是因為家裡環境不佳，或是不愛讀書的叛逆小孩，因此相當不認同這個決定。芊子說：「我不希望父母為了我還要到處籌學費，因此我想轉學到公立學校學習美容，但因為這個決定，我和爸爸大概兩年都沒有說話，這也讓我一直很努力，想要證明當初自己沒有選錯行業，堅持到現在。」

　　北漂到台北後，芊子再也沒有跟家裡拿任何一毛錢，開始在台北大直的美容店家擔任學徒，一邊工作一邊學習，拿著八千塊的薪水，憑藉初心，一磚一瓦築起自己的堡壘，學習美容護膚的技術。

　　在擔任助理兩年多的時間，芊子一個月只休息四天，每天工作十二小時，工作時她總是聚精會神地觀察美容師的操作手法，一點一滴地學習。芊子表示，在這個領域學習，基本上學徒不會有機會讓老師手把手教學，必須要自己從旁觀察並牢記在心，真的很辛苦，當時和她一起學習美容的同學，也不敵壓力漸離軌道。

　　女兒的辛苦父母都看在眼裡，不捨她工時過長，常常說芊子是個廉價勞工，希望芊子能改變心意另尋他職。不怕吃苦的她，硬是咬牙做了四年多，直到姑姑提供了一個空間讓芊子接案，她便利用課餘時間開始美容服務，獨立成長。

圖｜創立 CHIKO 後，芊子（中）有兩位夥伴一起協助她拓展品牌

穩扎穩打的技術，無微不至的精神

芊子累積了多年的美容經驗，2013 年她終於在大安區租下一個空間，創立「芊姿 SPA 美學」，開啟創業之旅。創業後的芊子仍維持著學徒時期，毫不馬虎的工作精神，過去老師所教的做臉手法，創業後甚至增加更多服務環節，讓整個流程更加豐富舒適。芊子表示：「原本老師教給我的手法就非常滿了，但我從來不會想要簡單地賺錢，我希望能給顧客更多東西和體驗，許多顧客來訪後，都會發現在我們這裡做臉非常地紮實，按摩就是按摩，清粉刺也非常仔細，從不草率。」

有時部分的美容店家會簡化護膚流程，舉例來說，同樣是 90 分鐘的護膚流程，有些美容師會縮短按摩和清粉刺的時間，以一層一層疊擦保養品取代，並拉長敷臉時間，最後再利用很多時間講解和銷售產品，實際上，消費者獲得的護膚服務大打折扣。

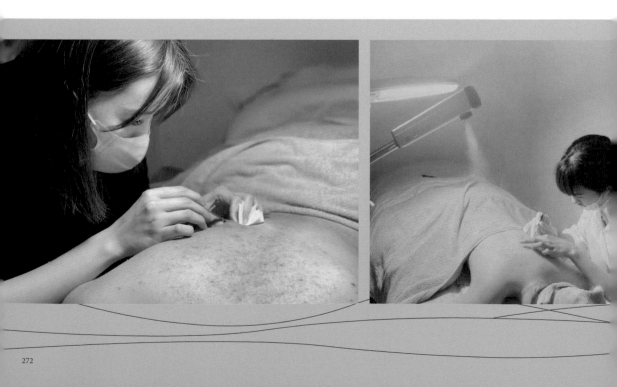

許多顧客來到芊姿後，發現芊子提供的服務物超所值，特別在清粉刺環節美容師更是全臉仔細地處理。因此芊姿開業後，即便沒有做任何的行銷與推廣，半年後就達到收支平衡。

芊子一直以來都相信「做比說更重要」，對待客戶時，從不會主動或強迫推銷，她也教育員工換位思考：「假設今天我們是客人，一定不會喜歡過度推銷，因此應該要以客戶的感受作為出發點，將心比心。」一個初來乍到的顧客，只能透過感受來評斷你的服務，因此美容師只要用心做好服務，顧客一定能體會美容師的真誠，並將護膚的重責大任交給美容師。「美容美體產業是一個很貼近人的產業，美容師所做的任何付出或服務，顧客絕對都能感受得到。」芊子表示。

圖｜芊姿 SPA 美學致力於提供物超所值的美容服務，每一分鐘都呈現最專業的態度與品質

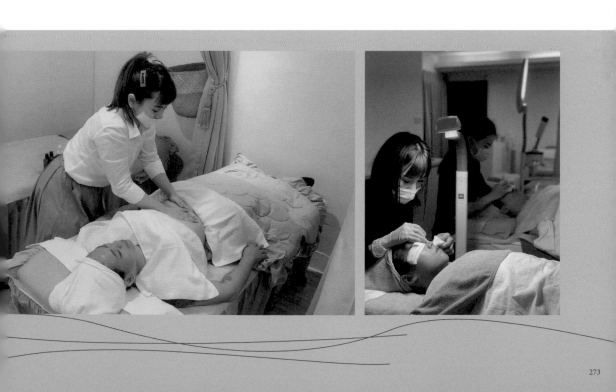

盡心盡力的專業服務，
即是唯一的行銷「手」法

美業創業這條路上沒有一套完整的 SOP，教學老師也鮮少能清楚告知創業該怎麼做，芊子在創業的路上同樣是摸著石子過河，尤其當她決定出來開業時，沒有帶走上一間美容沙龍的資源和人脈，完全靠自己一點一滴摸索，僅以五十萬的資金籌備第一間店。

為了盡量省下不必要的支出，店裡裝潢除了鋪地板和刷油漆有請人協助，室內設計、擺設和家具組裝皆由她一手操刀。芊子說明：「我覺得剛開始創業，一切從零開始，有些東西不懂可以自己摸索，但是要從頭累積客群，對我而言是最難的，我了解自己的個性，不太喜歡交際應酬，或是為了利益而結交朋友，再加上廣告費用很貴，所以初期都沒有打廣告，卻也擔心沒有顧客上門。」

儘管芊子不太會主動推銷自己的服務、工作時話不多的她，就是盡心盡力把握每個上門的客人，或許是老天疼憨人，周邊瑜伽教室會館的老師與學員開始上門消費，加上房東也為她介紹顧客，芊姿總算站穩腳步。

芊子說：「很多店家或許一開始創業就能在一天內接待八個顧客，但當時我一天只有一、兩個顧客，直到半年後預約表才終於排滿，顧客累積的速度並不快，就是一步一步來，努力地提供最佳的服務讓顧客滿意，並且把他們留住。」

圖｜具有獨特美感的芊子，一手操刀室內設計、擺設和家具選品

創立姐妹店「ONIDE 美學 Nails&SPA」，提供一站式服務

第一間店站穩腳步後，芊子在中山區打造第二間複合式沙龍「ONIDE 美學 Nails&SPA」提供一站式服務，讓顧客帶著與姐妹和家人共享課程，顧客能在兩個小時內，同時享受多項的服務、不需東奔西走。芊子說明：「ONIDE 美學的空間是我夢寐以求的樣貌，那裡因為空間寬廣，整體步調也很慢，是個可以讓女生來這邊變美，又能很悠哉放鬆的去處，整體風格非常舒適愜意，適合閨蜜一起聚會和保養。」

如果說芊姿帶給顧客的是專業穩重的形象，那麼，ONIDE 給予顧客的則是輕鬆自在的感覺，讓女孩能到這裡愉快地享受美睫、紋繡和美牙等服務。ONIDE 美學從整體的空間規劃到服務內容，都提供顧客與芊姿截然不同的氣氛，這也彌補了芊子在芊姿店面規劃時的小小遺憾：「因為芊姿是第一間店，加上東區寸土寸金、空間有限的情況下，比較難做到寬敞舒適的環境，因此開了 ONIDE 美學，有點像是圓夢的感覺。」芊子表示。

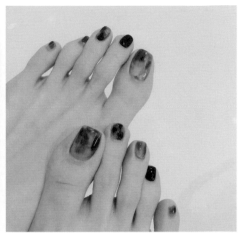

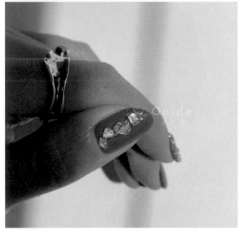

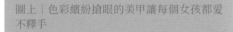

圖上｜色彩繽紛搶眼的美甲讓每個女孩都愛不釋手

圖下｜渾然天成的美睫，讓雙眼更顯明亮光采

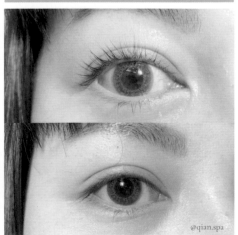

不留疤不紅腫，儀器無法取代的手技

芊子在兩間店主打的項目也有所區隔，芊姿主要提供肌膚護理服務，ONIDE 美學則是美甲、美睫與紋繡為主。詢問芊子在競爭的美業市場中，該如何讓顧客對於服務有深刻的記憶點，願意再次回店，她認為最重要的是必須要將服務客製化，不能總是一成不變。

舉例說明，每個人平時的日常保養習慣、生活作息都不太一樣，美容師必須仔細詢問顧客生活細節並觀察膚況，才能為顧客規劃最佳的護理方案，即使同一個課程也要根據顧客當天的膚況做出調整，假設顧客第一次消費時肌膚狀況是穩定的，下次再來卻有痘痘的問題，就必須要根據顧客當下的膚況，調整課程的細節，這樣才能讓課程發揮最佳效果。

即使現在坊間有非常多元的儀器或是皮膚管理方式，但芊子認為手工清除粉刺是保養皮膚最佳的方法之一，因為皮膚相當薄且脆弱，使用儀器大面積清除，可能會過度拉扯又清不乾淨，因此她認為手工清除粉刺與痘痘，仍是最佳方法，讓肌膚更

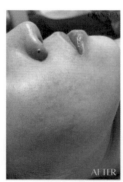
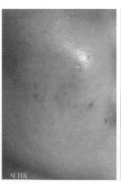
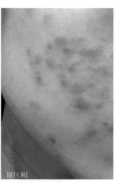
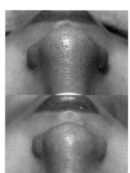

快地恢復，並能維持健康的膚況。芊子表示：「有些店家擠痘痘的時候會因為力道太大，而導致顧客的皮膚留疤或發炎，但在芊姿絕對不會有類似的問題，我們能以專業的經驗判斷痘痘現階段的狀況，若是碰上尚未成熟的痘痘我們也不會硬擠，會請顧客過幾天痘痘較熟的時候，再過來一次，我們會免費為他們處理。」

　　芊姿的皮膚保養課程可說是最熱門的項目之一，由於美容師多年的經驗和專業的手技，顧客清除痘痘粉刺後不會有任何紅腫的問題、不需要任何修復時間，因此許多顧客都會在網路上針對芊姿做臉的服務給予正面評價。

圖左｜手工清除粉刺是芊姿的熱門項目之一，清除痘痘粉刺後完全不會有任何紅腫問題
圖右｜芊姿的肌膚護理課程幫助許多有痘痘問題的顧客，重新找回健康的肌膚狀態

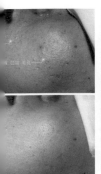
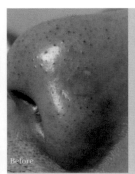
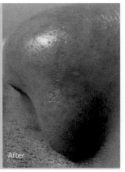
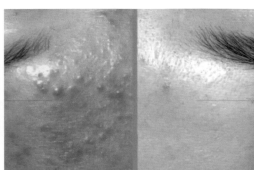

創業心法：
做好專業比任何事都重要

　　無論是美容教學還是服務，芊子總是秉持著要給學生和顧客最多的收穫，寧可自己吃點虧，也絕對不能讓顧客少拿分毫；加上她從不以賺錢為出發點來向顧客推銷產品與課程，這一點讓許多顧客都對她倍感信賴。因此當她給予顧客建議時，顧客更能感受到她的用心及專業，全心全意的相信她。

　　由於現在的美業市場相當競爭，從空間裝潢、美容手法、儀器設備到行銷活動，各個店家無不使出渾身解術，希望讓自家品牌能在茫茫的美容沙龍中脫穎而出、受到消費者的信賴。當問到如何讓自家的品牌受到顧客信賴，芊子肯定的回答：「還是要回歸到美容專業上，唯有提供顧客有效的服務，才有可能獲得更多機會。」

　　「我們的裝潢或許不是貴婦等級，但顧客走進來會感覺到整體空間很舒服，尤其我對於清潔相當要求，員工都知道所有的台車、空間連一根毛髮都不能有。現在有很多的店家裝潢都非常漂亮，如果今天有更多的資金，我當然也想要有完美的裝潢和空間，但同時我也會提醒自己，美容的專業比任何事都重要，一直拿自己跟其他人比，永遠都比不完。」芊子表示，以餐廳為例，一間餐廳如果有漂亮的裝潢、好聽的音樂，服務生也相當有氣質，但食物卻非常難吃，相信顧客也絕對不會再去第二次，因此只有為顧客提供好的服務，顧客才會願意再度回顧，並且給予良好的評價、推薦親朋好友，這樣才能讓生意做得長久。

　　從 Google 評價中，不難看出芊子經營心法的成功，幾乎所有的評價都給予最高分。她表示：「我們會請顧客在 Google 寫下真實的感受，或是推薦親友，我對自己的專業服務也相當有信心，或許沒有一百分，但相信也能獲得高分的評價。」

不藏私的教學理念，
讓學徒成為完美複製人

近年來，越來越多人體驗過芊子的好手藝，萌生想要拜師學藝的念頭，當然她也不吝於將自己一身的好功夫傳承下去，因此陸陸續續收了幾個學徒。原本芊子的父親一直不看好美容產業，但看到芊子的成長，便告訴她：「一雙手是有限的，既然要開店做生意就應該要帶人，才能越做越大、越做越輕鬆，如果你都不願意教人，會太辛苦，教學不應該藏私，一定要把學生教到像是自己的複製人一樣。」

芊子說：「爸爸雖然沒有在我的工作上，給予很多想法和意見，但因為爸爸的一些話，常常有開竅的感覺，在經營上萌生不一樣的想法。」芊姿目前有四位美容師，每個美容師起初都是一張白紙，在手把手的教學下開始學習，芊子總是樂意分享她多年累積的經驗與技術，希望能將每個美容師訓練成自己的分身，讓顧客感覺到不管是哪一位美容師服務，都能有穩定的品質。

在芊姿，顧客不能指定美容師；若想要指定美容師，會需要額外付費，這樣的制度對美容師來說較為公平，同事之間也會相互幫助，不會勾心鬥角也沒有搶班的問題，再加上因為所有美容師都是由芊子親自訓練，所以無論是哪一位美容師，服務水準都是一致、沒有差別。

談起教學碰到的困難，芊子也坦言現代人學習一門技術，較欠缺耐心、也比較不能吃苦，常常希望短時間內就學會所有的東西，因此她也遇過新人工作一天，就反應自己無法繼續學習。「通常剛到職的新人，第一個月我們都會請他做基礎的工作，像是整理資料、打掃等等，先觀察他們是否有耐心做這些瑣碎的事情，有些人會沒耐心想要趕快學技術，不久就會離開。」

也曾有美容師在學習一半後覺得沒有興趣，提出離職的請求，芊子鼓勵她，半途而廢非常可惜，如果真的想離開可以等到學成後再走。芊子說：「我當時告訴她，興趣不能當飯吃，但這份工作可以讓你走到哪都有飯吃，你要撐住，既然都學一半了就把它學完，有一天你會感謝我。」果不其然，這個美容師後來越做越好，便打消離職的念頭，繼續留在芊姿服務。

未來芊子也規劃要做技術教學，她認為過去在教學的時候會比較佛系，但未來希望教授的學生，本身有學習美容的興趣並且願意付出，這樣她才願意傳授功夫。「如果不是如此，學習者不會珍惜這項技術，教學者也會有種自己被糟蹋的感覺，好像是自己求學生來學，還要一直盯著學生，像媽媽一樣看你有沒有練習，我覺得這樣太累了。」芊子表示。

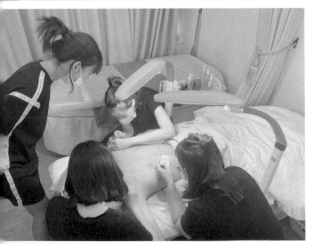

圖上｜芊子手把手培訓美容師，讓每個老師都擁有屬於自己的舞台

圖下｜不少人相當仰慕芊子清粉刺不留疤的技術，希望她能開班授課

學習美容及創業該具備的思維

　　許多學習美業的初心者，往往不知道該如何挑選適合自己的教育機構，許多學生都擔心若貿然報名，會遇上以銷售產品、用具為目的美容中心，或是遇到教學單位不打算長久經營而草率敷衍的狀況。

　　在五花八門的美容教學機構中，究竟該如何找到適合自己的老師呢？芊子建議：「可以先從當顧客開始，體驗這個店家或老師的服務流程和手法，從中去感受美容師的服務方式是不是你欣賞的，不要只因為看了網路上的廣告，就直接付學費。」

　　芊子說：「以我們而言，因為我們清粉刺不會留疤，所以許多人都仰慕這個特色想與我們學習，因此我建議想學美容的人，也能先去店家體驗，再決定要不要跟這個美容師學習，美容補習班的網路廣告是很表面的，美業是服務業，必須要自己真的有所感受再去投入，才不會花冤枉錢。」

　　由於現代人學習任何事物都希望能速成，這種急切的心態在學習美容上可說是大忌，芊子提醒，學習任何技藝勢必要穩扎穩打，如果一項技術很快就能學會，也代表這門技術很容易被取代。「即便現在我的店前後左右都是美容產業，我也完全不擔心，因為我們的技術很難被取代，學習者應該挑選一個不容易被取代的技藝，而不是想著賺快錢。」

　　「從學習技術到開業這段時間，美容師應該要把重心放在技術上，等站穩腳步後再思考是否要創業，創業初期也不要想著一次做到位，這樣不僅相當燒錢，還有很大的風險，可以從小規模的工作室慢慢做起，我認為有多少能力就做多少事，千萬不要想一步登天。」芊子表示。

自創保養品牌 CHIKO，
醫美等級成效卓越

　　從高中接觸美容，芊子就完全沒有休息，從事美容業超過十年，儘管她熱愛自己的工作，但自從結婚生完小孩後她也感受到自己體質的改變，身體健康不如從前。因為免疫力下降的關係，她的手開始有濕疹的問題，長達五年狀況時好時壞：「每個人的人生在不同時機點，都有不同的考驗，因為手的問題，我上班戴手套又會越戴越嚴重，因此很擔心以後都只能倚靠員工。」

　　身體的狀況也讓芊子開始思考：「如果不靠手賺錢，還有什麼方式能拓展財源？」，因此在芊子三十歲那年，她創立了保養品牌「CHIKO」。芊子表示，創立這個品牌主要是希望以後顧客不做臉，也能透過這些產品改善皮膚，因此研發保養品可說是下重本，每項產品的成分和效果都跟開架或專櫃商品不同，完全是醫美等級的專業產品，濃度相當高，只要塗抹幾次、或是敷一片面膜就非常有感。

　　CHIKO 的產品不算多，其中最熱門的是「初肽生肌面膜」和「初肽生肌安瓶」，不少顧客無限回購，並告訴芊子，使用 CHIKO 的產品皮膚不僅變得更光滑，也完全不刺激，即使在疫情期間減少了做臉次數，使用 CHIKO 居家保養仍能看到顯著的成效。

　　從苗栗隻身一人到台北學習美容的芊子，沒有因為繁榮的都市而變得市儈，反而更加篤定，要以最實在且最體貼顧客的方式，提供專業的美容服務，這十多年下來，芊子不僅向家人證明自己的能耐，也讓許多人看見台灣女性創業的韌性，創業或許從來就不是一件容易的事，但若能挖掘自身的優勢，並善加運用，便能在競爭的市場中，站穩屬於自己的一席之地。

圖｜醫美等級的台灣保養品牌 CHIKO，從販售以來就獲得不少網友的大力支持

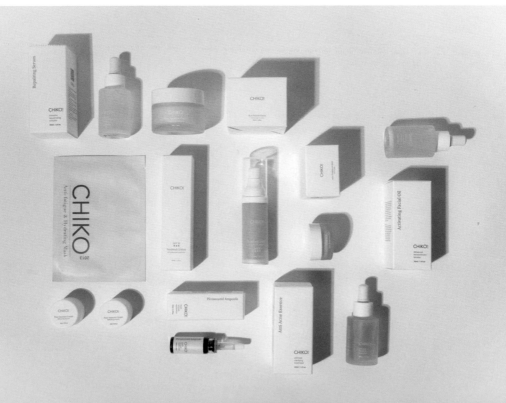

經營者語錄

想要無可取代，
妳就必須隨時與眾不同。
In order to be irreplaceable
one must always
be different.

吃苦當吃補、
堅持到底，就是你的。

CHIKO

芊姿 SPA 美學

店家地址

大安店 芊姿 SPA 美學
台北市大安區忠孝東路四段 112 號 9 樓之 9

中山店 ONIDE 美學 Nails&SPA
台北市大同區南京西路 18 巷 4 弄 8 之 2 號號 2 樓

聯絡電話

大安店 02 2771 0004
中山店 02 2552 6792

Facebook

芊姿 SPA 美學
ONIDE 美學

Instagram

@qian.spa
@onide_nail_spa
@chiko.skin

楓澄眉美學

Beauty Face

> 打破性別偏見，
> 學理與實務兼具
> 贏得顧客信賴

一般聽到美容美體產業，往往會直接與女性形象連結，男性美容師可算是產業中的稀有族群，但隨著社會型態轉變，各行各業漸漸不再有性別限制，只要有興趣並具備相關技能，男性在美業也有出頭天的機會。近年來，不少男性美容師在美業努力耕耘，善用自己的特點服務顧客，獲得不少消費者青睞。

位於高雄的「楓澄眉美學」創辦人李岱澄（李小白）即是其一，他不僅具有相當出色的美容技術，也擅長以皮膚學理為顧客量身打造療程，在從事美業的歷程中，他憑藉堅強的實力擄獲不少消費者的心，也打破人們對於職業的性別刻板印象。

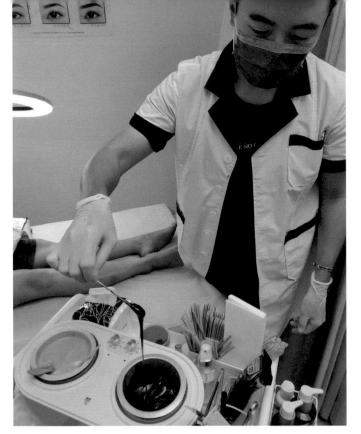

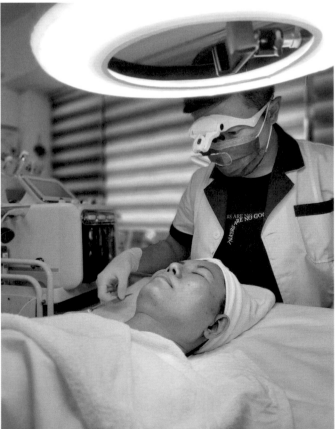

近十年的醫美診所資歷，
累積美容服務經驗與能量

「你還滿適合去專櫃賣保養品的，師奶殺手欸！」過去從事服裝業的小白老師，原本就對美容保養相當感興趣，因為同事隨口的稱讚，讓他決定將興趣化為行動，開始閱讀醫學美容和保養護膚書籍，並報名救國團的美容丙級證照班，或許他本身就具有從事美業的天分，加上後天不懈的努力，僅僅報考一次，小白老師就順利取得丙級證照。取得證照後，小白老師並沒有就此敲開美業的大門，他應徵不少知名品牌的美容顧問工作，但卻因為缺乏美容和專櫃銷售的經驗，吃了不少閉門羹。直到一間醫美診所有感於越來越多男性有保養需求，決定培育男性美容師，於是邀請他參與面試，才終於讓他有機會一展長才、擔任專業的美容師。

即使小白老師沒有任何美容的工作經驗，但很快就因為優秀的技術、充滿熱忱的態度、主動積極的精神以及完整的營運管理思維，被公司外派至中北部擔任店經理，讓他能以更高維度的角色，繼續累積美容護膚經驗，深化店務管理和顧客關係職能，也藉此提升他在美業市場的敏銳度。

在醫美診所工作數年後，2020 年 4 月，小白老師因家庭因素請調回高雄，但高雄診所並無主管職缺，面對這樣的職務調整，也讓他對自己的職涯發展有了疑問：「四年後的我會在哪裡？難道還是一個領薪水的基層員工嗎？」小白老師不只是對自己發出提問，很快地，他也回應了自己的困惑，2020年剛滿 36 歲的他，下定決心要在 2021 年創立個人工作室，無視於台灣當時依然籠罩於新冠肺炎疫情的陰霾，2020 年最後一天，小白老師兌現生日時對自己許下的承諾，離開了近十年的醫美診所，開啟他精彩的創業之旅。

圖上｜許多人很難相信，小白老師今年已 38 歲，他以自身外型驗證自己常說的：「有保養老樣子，不保養樣子老。」
圖下｜小白老師擁有多年專業的美容護膚和管理相關經驗，並對美業市場有極高的敏銳度

男性保養風氣開啟美業新商機

最初，小白老師先以共享空間的方式創業，短短三個月內，就累積不少死忠的顧客，周遭好友看見楓澄眉的好成績，便鼓勵他：「既然你在短短三個月內就做得這麼好，為什麼不自己開店試試看呢？」儘管當時有些自我懷疑：「我一個人真的能做到嗎？」但後來他轉念一想，「既然要創業就該衝到底，不能有所保留。」

2021 年 4 月他創立專屬工作室，「當時我在規劃店內裝潢和設計時，因為有朋友經驗的借鏡，他當時創業光是房租、室內設計和裝潢等費用，加起來就相當可觀，我認為創業初期應該要先節流，畢竟租賃關係存在較多難以預測的因素。」因此，小白老師憑藉他獨到的美感和一雙巧手，不假他人之手，一手操刀店裡的室內設計，他以地中海的裝潢風格挑選傢具，再一一組裝，整個空間充分體現人們嚮往自然、親近自然、感受自然的氛圍；店外的落地窗還有一棵大樹營造出悠閒的度假氣氛，顧客前來享受服務時都感到格外放鬆。

不少美容店家都希望降低空床時間，加上現代社會消費者也相當忙碌，因此美容服務開始趨向「得來速現象」，顧客急著要在一小時內獲得所有的服務，店家也希望能在短時間內就結束服務、接待下一個預約的客人，這樣的方式，讓本該有身心靈放鬆之感的美容護膚體驗，漸漸變調。小白老師有感於美容體驗該有的放鬆感受正逐漸消失，於是他下定決心要透過環境營造度假氛圍，讓每個來到楓澄眉的顧客都能放慢腳步，擁有一個補足元氣、放鬆心靈的世外桃源，悠哉地享受精緻的美容服務，感受美容護膚帶來的療癒力量。

由於空間中只擺上一張美容床，有人曾建議小白老師多放一張床來加快服務的效率，但小白老師認為，每個顧客來到楓澄眉，就是期待美容師能專注聆聽需求及提供服務。「如果多了一張美容床，就變成我們三個人在聊天，或是顧客彼此聊天，這樣我就不能仔細地做好衛教。」再者，小白老師有感於過去在診所工作時，護膚空間屬開放式，顧客與美容師間的談話容易被他人聽見，

圖｜楓澄眉空間營造的地中海風格，是個能讓人補足元氣、放鬆心靈的世外桃源

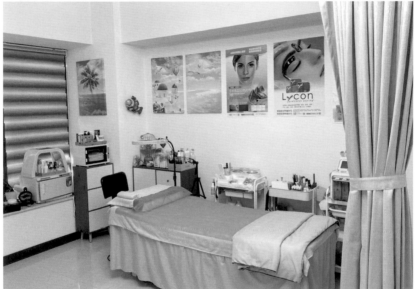

成了隱私性上的一大瑕疵，同時，開放式空間也讓顧客心情較不安定，顧客會想著：「美容師什麼時候有下一位客人，這樣能專心服務我嗎？」因此在設計服務流程與軟硬體規劃時，小白老師都是以顧客角度出發，結合過往經驗，致力打造一個讓五感皆能獲得全然滿足的空間。

受大環境和韓流偶像文化與社群媒體風向影響，男性保養意識正在崛起，不少男性在形象管理的需求快速上升，許多保養品牌也相繼邀請男性美容師與知名男性 KOL 合作，帶出男性保養的相關話題，連帶提升社會對於男性保養、化妝的接受度。

小白老師觀察到過去社會往往認為男生保養或做臉是「很娘」的一件事，所以大部分男生如果有皮膚問題，也只能看皮膚科或是自行到藥局買藥，男性即使有保養需求，也很難有管道獲取正確的保養知識和相關服務。「大部分男生聊天時，都是談論運動或車子等話題，很少像女生會聊美妝和保養，因此我期許楓澄眉能成為男性保養的首選，幫助更多男性了解正確的保養知識。」小白老師表示。

小白老師更幽默地補充：「我想要灌輸大家一個觀念，男生真的應該要好好保養，這樣女朋友或老婆才會覺得自己身邊躺的是小鮮肉啊！」

圖｜小白老師不假他人之手，一手操刀店裡的擺設

知識學理作為服務的後盾，
提供解決問題的最佳良方

在美業競爭日益激烈的今天，創業者為了拓展客源，一方面需要想方設法吸引顧客，另一方面，則要為消費者提供優質的美容服務，這兩方面對於美容師拓展客源，是相輔相成的關係，缺一不可。

許多男性雖有護膚的需求，但往往不知如何找到合適並願意傾聽問題的美容師，而對美容服務裹足不前。由於小白老師是美業中為數甚少的男性美容師，他相當了解如何用男生能理解的語言，為顧客分析皮膚問題並找出解決之道。此外，他具有相當深厚的皮膚學理知識，能以簡單易懂的譬喻方式，讓客戶獲得正確的皮膚保養知識。

小白老師過去曾經碰過一個年輕男孩諮詢皮膚問題，男孩的臉不僅泛紅還脫皮、膚況相當不好，他便詢問顧客：「弟弟，是什麼原因造成皮膚這樣的狀況呢？你應該很不舒服吧！」男孩這才說，只要皮膚有狀況的時候，就會去醫美診所詢問治療方式，當時諮詢師建議要打雷射，短短一個月內，男孩就打了二到三次的雷射。

小白老師知道後，相當不捨男孩的皮膚，在錯誤的保養方式下，不僅沒有改善皮膚問題還得不償失，讓皮膚變得更加脆弱。他便熱心地教導男孩皮膚的正確知

識：「肌膚最外層是由角質層和角質層外的皮脂膜所組成的，是人體與外部環境接觸的第一道防線，也像是一道城牆用來保護皮膚，因為過度雷射的關係，現在城牆可說是垮了，因此陽光、病毒或細菌等外來敵軍，很容易入侵皮膚。」

在小白老師專業的解說和細心的服務下，男孩看到前後對比照後感到相當滿意，當下便決定購買課程與產品。以美業而言，想要一次服務就讓顧客心服口服的機會不多，但小白老師就是有這種魔力，讓顧客有信賴感，小白老師解釋，「有些美容師雖有十多年的經驗，但缺乏學理相關的知識，因此當他們在面對顧客時，較難向顧客說明造成皮膚問題背後的原因和修復的方法，只能憑藉『我是經驗豐富的美容師，你就是要聽我的』，因此當顧客無法從美容師身上獲得解答時，就會另尋高明。」

除了提供顧客優質的美容服務和知識含量高的問題剖析，小白老師因為有長達十年醫美診所工作的經驗，因此相當熟悉微整形注射、美容整形手術、雷射治療、療程原理以及美容醫學法規，當顧客有醫美的需求時，他也能以深入淺出的方式，提供專業的建議。因此不少顧客來消費時，也有機會了解更多醫美的知識，而對楓澄眉提供的服務有物超所值之感。

圖｜護膚、紋繡、芳療或除毛從來不只是女性的專利

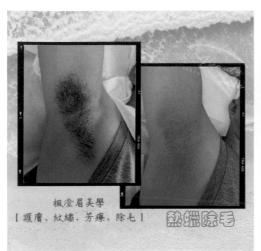

楓澄眉美學
【護膚、紋繡、芳療、除毛】 熱蠟除毛

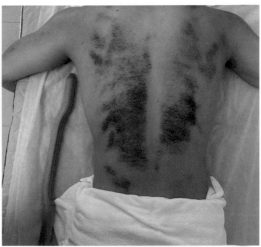

粟粒腫處理

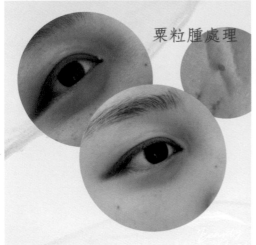

星月柔羽眉

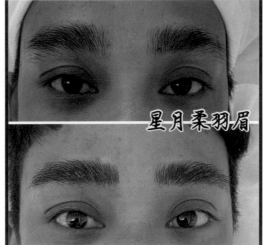

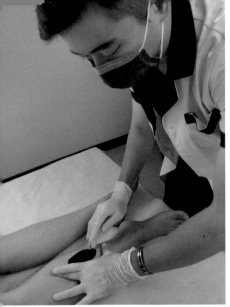

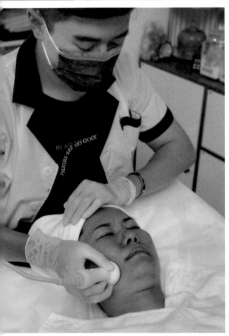

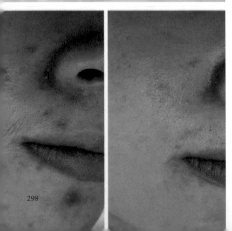

視客如親，
不厭其煩分享保養知識

　　目前楓澄眉的服務項目主要以護膚、紋繡、除毛、芳療為主，其中護膚這個項目可說是店內招牌，顧客群不僅有皮膚管理需求，也有很多媽媽帶著青春期的小孩尋求小白老師的協助。不久前，有個媽媽憂心忡忡地告訴他：「孩子爸爸年輕時，也有粉刺和痘痘的問題，所以臉上留下許多坑洞，我和爸爸現在都好擔心，擔心孩子的臉以後也會變這樣，以前我們沒有做臉的地方只能自己亂弄亂擠，現在終於有專業的老師能處理，我認為皮膚問題一定要找專業人士。」

　　小白老師無痛清痘痘和粉刺的技術，能有效處理內包痘痘，不會有留疤的風險，加上溫柔的手法，顧客也不會有疼痛之感，因此不少顧客都會定期尋求他的協助，以避免自己亂摳、亂擠留下坑洞和疤痕。

　　美容師這項工作，可說是僅次於醫生外，唯一會接觸顧客身體的專業人士，美容師若想要精益求精、向頂尖美容師邁進，除了在技術、服務層面上努力，還需要紮實的知識基礎，隨時回答顧客的疑難雜症。小白老師另一項少見的優勢來自於「腦內資本」，當顧客有疑慮時，他總能以學理的知識基礎為顧客分析利弊、講解差異。以藻針課程來說，許多顧客都很擔心做完藻針後皮膚會變紅、敏感，而無法參加重要的聚會，因此即使顧客的肌膚當時相當適合使用藻針，他們往往不願意嘗試。

　　小白老師會運用專業的分析說明能力，幫助顧客了解，現在市面上的藻針品牌相當多元，每間品牌都有自己的特色。若顧客擔心藻針會帶來刺激感，美容師能為顧客挑選合適的品牌，確保使用藻針後，不僅不需要擔心皮膚變紅或刺激，反而能改善肌膚狀態。小白老師強調，使用哪一種產品、產品有什麼特色，以及不同品牌的效果，美容師都必須以顧客能了解的語言為顧客解釋。這不僅能幫助顧客使用最佳的課程改善肌膚，也能提升顧客對美容師的信任感。

　　除此之外，小白老師有感於網路充斥許多不正確的訊息，導致民眾輕易聽信明星或網美推薦的產品，在沒有考慮自身膚質的情況下，使用錯誤的產品或美容方法，因此他創立一個粉絲團，將自己在工作現場看過的實際案例，和多年來學習的保養觀念與心得，以深入淺出的方式寫成文章，希望能達到衛教效果，也幫助民眾擁有正確的皮膚保養觀念。

　　小白老師常常告訴顧客：「想要有健康的皮膚，美容保養佔 20%，居家保養佔 80%，因此美容師有點像是健身房教練，我的角色是協助和教育消費者，而顧客也必須忌口並自律，才能達到美容的成效。」小白老師既搞笑又嚴肅地說：「讓我開始覺得人一定要定期保養的原因，是我在當兵的時候，當時長官明明只有 30 幾歲，長得卻像 50 幾歲，我真的嚇死了，所以人真的要保養啊！」

圖上｜小白老師總是不厭其煩分享，讓顧客不僅能得到護膚服務，還收穫許多寶貴的保養知識

圖下｜不少家長帶著孩子來到楓澄眉處理肌膚問題，也讓小白老師累積一群忠實顧客

舒適、尊榮、體貼，令顧客難忘的消費體驗

「在你這裡好舒服，你的服務不會很壓迫、很趕時間，也不會一直推銷課程和產品，幾乎一半時間都在講觀念講知識，跟我去診所做臉的感覺完全不同。」不少顧客離開前，都會如此稱讚小白老師，表達他們喜愛楓澄眉的原因。

小白老師說：「每次服務顧客前，我都會留下一段讓自己喘息的時間，也不會讓顧客服務銜接的時間太近，這會讓顧客有尊榮感覺，認為這是一對一的專屬服務。」許多顧客由於沒有固定保養的習慣，往往三天打魚兩天曬網，白白浪費之前護膚的成效，為了鼓勵消費者養成固定保養的習慣，小白老師設計了兩種相當有趣的消費方式：第一種是顧客若儲值五千元，那麼第一次的護膚課程就是免費的；第二種，若消費者在一個月內主動回來消費第二次，楓澄眉就會給予九折的優惠。

小白老師認為每個人都喜歡被鼓勵而非被提醒，比起店家積極地聯繫顧客回訪，不如製造誘因鼓勵顧客回訪，才能有效提升黏著度。他表示，有些店家會以威脅的方式告訴顧客：「你就是因為沒用我的產品，臉才會變這樣。」，或是「你如果沒有購買我的課程，皮膚就會變得不好。」，小白老師說：「與其用威嚇的手段，不如提供顧客更多折扣鼓勵他們，我少賺一點沒有關係。」

圖左｜小白老師總是為顧客精心挑選產品，確保能達到良好的護膚成效
圖右｜乾淨、舒適的空間，及小白老師貼心的服務是許多人喜愛楓澄眉美學的原因

專業無關乎性別，男性美容師也能提供優質服務

　　過去小白老師在醫美診所工作時，曾碰過消費者特別強調，不希望由男性美容師服務，有些顧客甚至從來沒有被男性美容師服務，就先入為主認為男性在護膚時就是沒有女性專業。他認為美容專業其實無關性別，有些顧客覺得男性美容師手法不夠溫柔舒適，最主要的原因，其實是美容師沒有熟悉這項技術，女性的新手美容師同樣有手法不佳的問題。

　　由於男性美容師知道有些顧客帶有成見，認為男生不會按摩，因此在服務上他們反而更加用心，「過去我們在醫美診所接待顧客，我知道有些消費者是在不得已的狀況下，只能由我來服務，因此我往往更用心服務，工作時更謹慎仔細提醒自己一定要做得更好，不要有任何失誤落人口實，甚至讓顧客去投訴。」因為小白老師比起其他美容師更用心的服務，也有不少顧客會告訴他：「奇怪，怎麼男生比女生更仔細，有時候讓女性美容師服務，都會感覺他們好像是因為做得太熟練而心不在焉，男生反而做得更好。」

　　身為專業的男性美容師，小白老師有對專業的堅持，他也善於運用優勢，一有服務的機會，他都會傾注全力把握住。小白老師知道接待每一位顧客，自己只有一次機會，在每一次難得的服務機會中，必須讓顧客知道美容師的專業跟性別無關，男性也有男性的優點。

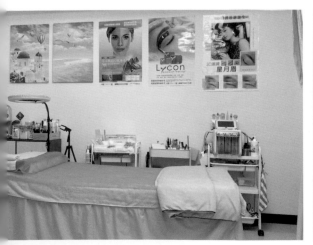

致年輕人：
如果你不做，你永遠都不會知道是否能成功

　　2021 年「104 玩數據」分析近 2 萬名求職會員、共 2 萬筆創業經歷，即工作經歷中帶有「創業」、「老闆」、「合夥」、「創辦人」等關鍵字，結果發現，各世代中，30 歲以下的青年創業占 68.3%；30 歲到 45 歲的中壯年創業占 29.4%；45 歲以上中高齡創業占 2.3%。有創業經驗的求職會員，第一次創業平均年齡為 28 歲，男性占 57%，高於女性占 43%。

　　小白老師認為最佳的創業年齡落在 20 至 30 歲。「我 36 歲才創業，體力已經沒有像以前那麼好，常常會覺得累，加上我又是一個人經營工作室，也不喜歡麻煩別人，所以在創業初期光是拆箱傢具和組裝，常常就無法一口氣做完。」其次，小白老師也認為美業創業者在剛起步時，必須先從眾多的美容服務中，尋找有興趣的項目專攻。以自己為例，小白老師已有美容技術的底子，因為對紋繡有興趣才進修，重新拾起紋繡筆、打開紋繡箱，鼓起勇氣劃下那一刀，做出人生第一對眉毛。

　　小白老師表示：「創業者必須先專精一個項目，若有餘力再學習其他的技術，有些人因為希望提供多種服務，會在短時間內學習各種專業，但是如果沒有一樣專精，讓消費者一想到這項服務就先想到你，那麼很有可能你就會淪為市場中的備胎美容師。」

　　無論是創業或換工作，小白老師都鼓勵年輕人一定要勇於嘗試，因為不邁開第一步，永遠不知道是否有成功機會。他說：「如果只是用想的就永遠不會去做，可能你對自己缺乏信心，或是身邊有太多朋友給出各種理由勸退你。只要你覺得現在的人生或工作遇到瓶頸，或是已經想做一件事很久很久，內心一直無法忘懷，我覺得應該要趁年輕放手去做。」

圖｜不少顧客在楓澄眉牆上留下充滿感謝的貼心小語

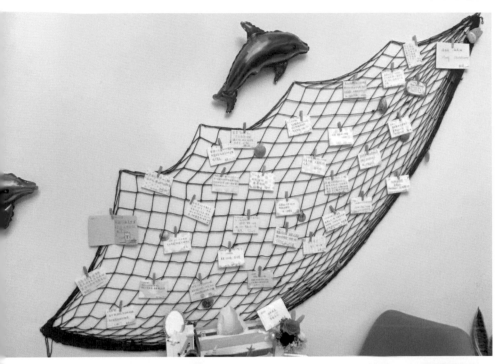

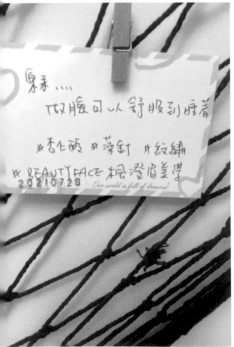

原來……
按腹可以舒服到睡著

#杏仁酸 #藻針 #紋繡
BEAUTYFACE 楓澄眉美學
20210728　Our world is full of dreams

"舒適的環境,加上專業
的手法,讓人感到非常放鬆

Phoebe 唯心
mally 2021.10.22.

打磨技術並且保持信念，慶祝每個小小的勝利

每個企業家在創業過程中總有高低起伏，或許是經營了一陣子，營收獲利卻不如預期；又或是事業攀升高點時，卻面對突如其來的挫折，在這段起伏的旅程中有各種艱辛、委屈，甚至是不滿足，創業者是否具有臨危不亂、力挽狂瀾的態度，或是有未雨綢繆、居安思危的意識，都在在影響事業的穩健程度。

在與小白訪談的過程中，小白時而妙語如珠，令人發笑；時而幽默逗趣，充滿機智。讓人很難想像前不久小白才因為確診新冠肺炎加上家庭的變動，使他的生活有了更多的挑戰。

小白老師的樂觀和積極其實並非天生如此，過去他也曾因為在社群媒體上，發現其他店家生意火熱而感到沮喪與挫折，但他透過學習轉念以及自我對話，他問自己「為什麼我要一直拿自己跟別人比？」、「我開業的時間才一年多，很多人早已開業五、六年之久，預約全滿其實是正常的現象。」調整心態後的小白老師，決定把注意力集中在自己身上，繼續鑽研技術也做更多不同的嘗試，他也終於領悟到，只要顧客再度消費時，他的皮膚狀況比上次更好，這對於美容師而言，就是值得慶祝的小小勝利。

小白老師也認為創業者不需要永遠都保持正能量，適度地抒發情緒也有益於身心，同時他也勸勉想從事美業的人，必須要有持續學習的動力。「如果不學習，很快就會被市場淘汰，但我說的學習並非所有的技術都要學，而是要學習對自己有幫助的事物，並且保持信念、站穩腳步。」小白老師補充。

圖｜各項證照及楓澄眉美學的優良美容店家認證

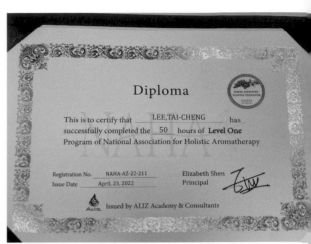

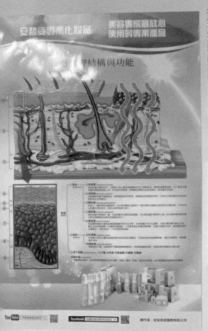

經 營 者 語 錄

消費不是為了便宜而購買，
消費是為了值得而購買，
您花的每一分錢，
在臉上都看得見。

Beauty Face
楓澄眉美學

店家地址
高雄市左營區介壽路 213 號

聯絡電話
0920 730 331

Facebook
小白老師～高雄楓澄眉美學【護膚│紋繡│熱蠟│精油】

Instagram
@moka200321

驛筠珍養身SPA會館

愛與熱情 的 幸福空間

隨著台灣社會的進步及人民生活型態轉變，顧客的消費體驗日新月異，養生和保健觀念近年來受到大眾的重視，不少消費者已無法滿足於單一種類的按摩服務，他們既想要 spa 會館的多元性，同時也想要養生館的精準理療功效。

位於高雄的「驛筠珍養身 Spa 會館」創辦人，經理蘇秀珍（埁䒭），觀察到這樣的消費需求愈加顯著，決定在競爭激烈的按摩市場另闢藍海，結合養生會館和 spa 舒壓，開創出獨特的經營之道。

坦然面對挑戰，
單親媽媽無畏的創業之路

　　身為高雄人的堉稴從事美容美體工作已超過三十年，最初會走上創業之路，是因為身為單親媽媽的她，希望能給孩子過上更好的生活，因此決定創立個人工作室。憑藉多年的專業，個人工作室經營得有聲有色，直到遇見身為企業家的另一半，給予不同的想法與刺激後，才讓她對於美容事業，有了更深一層的想法。經營工作室時，堉稴認為自己身為美容技術者，最厲害的就是雙手，當然就該親自服務客人，但丈夫認為每個人的能力、精力和時間都是有限資源，單憑一雙手工作，只會讓自己相當辛苦，因此丈夫建議她應該要轉為管理和教育訓練的角色，培訓更多美容師，擴展美容美體事業的版圖。

　　堉稴說：「當時丈夫一直灌輸我經營管理、團隊領導的想法，起初我並不完全認同，因為一路走來都是我親自服務顧客，但他一直鼓勵我，也給了我不少的啟發，我才開始嘗試他的建議，2011 年創立『驛筠珍養身 Spa 會館』，從第一線服務的美容師，轉變為教育與管理職，並投入培訓工作。」

　　堉稴相當了解一個女人獨力撫養小孩的辛苦，因此驛筠珍對於員工格外照顧。驛筠珍在培訓美容師時，受訓者既不需負擔培訓費用也不需簽合約，驛筠珍以鼓勵的方式，希望幫助更多人培養一技之長，也讓他們有穩定的收入照顧家人與孩子。堉稴表示：「每個來到店裡面試的人，我們都將他視為有無限潛力的人才，從頭開始教導他們美容美體技術以及服務觀念，最重要的是，員工就像是我們的家人，因此驛筠珍總是希望盡最大的能力幫助員工成長。」

圖｜堉稴與女兒合照

驛筠珍
養身會館
Massage & Spa

百分之百的服務品質，
結合無懈可擊的細節營造

創業初期，埔筿認為剛成立的小品牌，如果不打價格戰，絕對無法佔有一席之地，當時驛筠珍仍在摸索自身的市場定位，最初採取低價策略吸引顧客，儘管有不少顧客前來消費，但她也發現低價策略對於培養顧客忠誠度並無幫助，永遠都有比自家價格更低的店家出現，一味的削價競爭只會讓公司及整個市場環境變得更加惡劣。

努力地思考與觀察高雄美容美體市場的變化，埔筿找出一個「較少競爭對手」的市場，她帶領團隊走上介於養生館和 spa 按摩的中庸之道，既提供顧客養生館的「平實消費」，也滿足喜愛 spa 按摩的顧客「高等享受」，融合兩者的特色，開創出高雄少有的「養身 spa 會館」，驛筠珍結合芳療師、足療師、美體師和美容師等各項專業，成功擺脫被削價競爭左右的局面。「光看店面的外觀，有人會以為我們是高級的 spa 會館，而不敢進來消費，但仔細看了，才發現我們的服務都相當平價。」埔筿表示。

「驛筠珍」這個名稱相當有文藝氣息，每個字都代表經營者的期望和目標，「驛」代表的是休息的驛站，希望能給忙碌於生活和工作的人，有個充電、放鬆的處所；「筠」字面意思是竹子的最頂端，象徵養身 Spa 會館將最頂級、尊榮的服務，提供給消費者；「珍」則是代表顧客與夥伴都是最寶貴的珍寶。

驛筠珍的整體空間相當簡約明亮，環境也非常寬敞舒適。店內提供沙發座椅和泡腳桶，讓顧客享受足底按摩和泡腳，並且為女性規劃專屬的獨立空間，如梳化區、衛浴設備和包廂，讓女性別有安心感，若是情侶或閨蜜一同前來，也有安靜具隱私性的雙人包廂，一起享受愉悅的紓壓時光。驛筠珍服務的品項相當多元，有養生館常見的腳底按摩、經絡推拿、美體油壓，更有高級 spa 會館的皮膚管理、脫毛護理、紋繡課程、臉部護理、體態雕塑等課程，消費者的任何需求，都能在驛筠珍獲得滿足。

圖｜結合養生館和 spa 按摩特色的驛筠珍小
港店，是許多顧客的首選

驛筠珍獨門的「經絡推拿」相當受歡迎，坊間的按摩往往只會使用單一的手技做按摩，放鬆緊繃的肌肉，但驛筠珍的經絡按摩，卻是涵蓋身體的 14 筋絡，按摩師相當了解經絡走向等中醫理論，並採用嚴謹的學理，根據顧客的身體狀況搭配不同的手技，量身打造按摩方式，每一次的療程都帶給顧客相當不同的感受。

埼棻稱這套手法為「萬能的雙手」，按摩師會在不同部位，使用不同的手技如「伸展手法」、「淋巴排毒」或是「日式穴位按摩」，組合出一套為顧客量身打造的手法，並且加入儀器的輔助和頂級的精油能量，強化 14 筋絡推拿效果，其他店家難以模仿這套獨門的按摩流程，也讓許多顧客回訪時，都驚喜連連，覺得「知我者莫若『驛筠珍』也」。

儘管單憑按摩師的手技，就已收服不少顧客的心，但埼棻仍不以此為滿足，她認為，對於某些顧客而言，一個按摩師的手技再怎麼好，也可能只有打 60 分，那剩下的 40 分去哪了呢？「我發現剩下的 40 分在於服務的附加價值，如待客之道、產品、或是硬體設備。若是能補足剩下的 40 分，那麼顧客的忠誠度絕對會提高，也能增加按摩師的收入。」舉例而言，在驛筠珍，從顧客踏進店門，接待者的微笑、擺放鞋子的方式，到引導顧客使用洗手間等方式，每個小細節埼棻都設計相當細緻的 SOP，確保每個老師都能服務地精準到位。尤其，在足療的部分，更讓許多顧客留下深刻的印象，足療師準備好熱水後，會仔細地向顧客說明，為什麼足浴要使用特定溫度，以及添加海鹽對身體的好處，待顧客泡完腳後，足療師會以單腳跪姿為顧客擦腳，整套服務流程都讓顧客倍感尊榮，也使驛筠珍在眾多的足療店家中脫穎而出。

另外，在高雄，許多店家計算課程時間是從顧客踏進店家開始，但在驛筠珍卻是從顧客正式接受服務算起，埼棻希望每一分鐘都能提供顧客物超所值的服務：「在南部有部分店家會想方設法偷時間，我覺得這不是一個聰明的做法，因此我們會明確地讓顧客知道，帶位、更衣或是使用洗手間等等都不算在服務時間內。」

圖｜大器高雅的空間，以及專業優質的服務，讓顧客在網路上留下不少正面評價

不只是按摩，更傳遞愛與溫暖

　　許多人剛接觸按摩工作時，僅僅把按摩視為謀生工具，對工作沒有任何願景與目標，這樣的心態導致按摩師面對顧客時，往往只會埋頭苦幹、提供服務，認為按摩就是一種「付出一分勞力，拿一分錢」的工作。但堉篍總會教育按摩師：「驛筠珍做的並非是按摩業，而是服務業。」唯有以服務為導向，才能提高顧客對店家的黏著度，不會因為發現更低價的按摩店家，就見異思遷。

　　每個月驛筠珍都會規劃教育訓練，許多老師也曾小有抱怨，認為自己是來工作賺錢，應該要把所有時間用在服務顧客，而非學習。堉篍解釋：「許多人雖有一身好本事，但在學理卻沒有足夠的知識，例如身體有幾塊骨頭和肌肉，完全一竅不通，知道的事情太少了，因此驛筠珍必須要花時間做教育訓練，提升按摩師的腦內資本。」再者，堉篍認為按摩師不該只提供按摩服務，也應該多多關心顧客，但正所謂：唯有自愛的人，才有能力愛人，按摩師也應從自身的生命中，努力活出愛與希望，才能在顧客吐露苦水時，用溫柔的雙手和言語，傳遞信任與關愛。

　　堉篍表示：「如果按摩師的內心也充滿各種情緒垃圾，要如何讓顧客充滿正面能量呢？因此在教育訓練時，我們不只是要提升專業技能，也會規劃身心靈課程來陪伴員工，讓員工內心有源源不絕的愛，藉由按摩，將愛傳遞出去，也成為更多人心中的光。」

圖｜驛筠珍每個月都會規劃教育訓練，幫助員工更了解身體的相關知識，以及提升服務品質

是夥伴也是家人，驛筠珍的幸福經營哲學

　　許多企業視員工為公司重要資產，將「員工」定義為「人財」，因此企業為了增加資產的目的，會規劃各種培訓來提升員工專業能力。但身為基督徒的堉棻，看待員工的角度可不是如此，她將員工視為家人，也相信每個人都具有無窮的潛力來活出生命的豐盛，驛筠珍不只是一個工作的場域，更像一個讓所有參與其中的夥伴，獲得生命祝福的導管。

　　創立驛筠珍時，堉棻內心有個非常正面的願景，即是要以「愛、承諾、夢想」打造有滿滿祝福、同心合一的團隊，讓團隊中的每個人都能在驛筠珍這個舞台，活出力量與榮耀。堉棻表示：「我們除了有內部講師，也有聘請外部講師為員工上課，甚至我們也會訓練每個老師，學習整理、歸納自己的專業知識，為同事上課，每個人來到驛筠珍都是『人才』，他們絕對有能力上台分享自己的知識與專業。」

　　堉棻非常歡迎完全沒接觸過美業、或想轉換跑道的女性，驛筠珍有完整的教育訓練、公開透明的升遷管道、福利制度，不少女性都在驛筠珍開創出相當璀璨的發展，甚至當上管理職。正如驛筠珍官網上開宗明義所說：「驛筠珍重視每一位夥伴，打造像家的工作環境，加入我們這個大家庭，我們將栽培您成為頂尖的專業技師，賺進百萬年薪。」堉棻在經營驛筠珍時，總是時時刻刻關心員工，也營造一個互助的氛圍，讓員工能將公司視為後盾，同事則是最佳戰友，無論碰到任何困難或問題，彼此都能相挺。

　　驛筠珍可謂是幸福企業，各種員工福利、聚餐旅遊是絕對不會少的，而且公司不只在乎員工，和員工家人的關係也非常緊密。「如果員工的家人生病住院，我們絕對會去訪視，員工有任何需求，也能動用總公司的資源，像是之前有員工需要搬家，許多熱情的同事便自願協助幫忙，同事間有著情同家人的緊密連結。」不僅如此，埃棻也愛屋及烏，將員工家人視為自己人，她會藉由一些機會與他們互動、拉近彼此的距離，甚至員工有夫妻不和的情況，也會抽空與他們聊聊，開導與排解雙方的情緒。在許多員工心中，埃棻不只是個最盡責無私的老闆，更像是一個無微不至照顧自己的家人。

　　一間企業能永續經營需仰賴眾多條件，埃棻認為只要秉持「三好原則」，企業很難不成功，三好原則即是：「對客人好、對員工好、對經營者好」。顧客方面，只要按部就班、堅持品質，確保每個服務皆為上好，甚至超出價值和預期，顧客的黏著度就會提升，連帶能讓企業在眾多競爭對手中脫穎而出；再者，企業要將員工視為家人，尊敬並感謝員工辛勞的付出，看見他們身上的優點，也激發他們的潛能，員工絕對能有優秀的表現；最後，當前兩者都感到滿意，水到渠成，經營者也能有正面的收益。

圖左｜以「愛、承諾、夢想」打造滿滿祝福、同心合一的團隊是驛筠珍的經營理念
圖右｜歡樂的旅遊讓員工在辛苦工作之餘，能有機會好好地犒賞自己

陪伴員工畫出職涯地圖，
一同看見登頂後的美好

　　已有三十年美容美體資歷的堉棶，過去也看過不少美容師因為婚姻不幸福，加上年紀增長，沒有從前的體力和能量接待顧客，因此在工作上進入停滯期。

　　堉棶認為多數的美業技術者有個迷思，覺得只要親力親為替顧客服務就可以在美業發展的長長久久，很少想到要讓事業昇華，從事教育或管理相關的工作。「過去我就像大多數美容師一樣，認為只要做好服務就可以了，感謝丈夫的鼓勵，讓我在十多年前超前部署，創立驛筠珍第一間店『三多店』，隨後也拓展營運，開設『小港店』和『五甲店』，回頭看這一路努力，有種倒吃甘蔗的感覺。」堉棶表示。

　　當求職者來到驛筠珍面試時，堉棶不那麼重視求職者的技術，反而更關心他們對於這個產業，是否具有熱情或夢想。她說：「新人剛到的時候，我們會花兩個小時和他們面談，讓他們理解公司的理念、服務的精神、以及經營團隊的特色，並了解他們對於這份工作的期待與規劃。」

　　帶領新員工有點像是資深導遊帶人爬山，必須要讓員工知道每個階段的樣貌，或許轉角處有美麗的風景，或許前方有艱難的挑戰，每個階段堉棶都會細數各種挑戰與收穫。最重要的是，她絕對會陪伴每個員工，一起鍛鍊體力、打磨技術、轉化思維，看見登頂後的美好風景。

圖左｜驛筠珍三多店
圖右｜驛筠珍五甲店

珍
館
Spa

埥粦說道：「我會請年輕的員工將焦點聚焦於技術的習得，至於年長的員工，我會鼓勵他們要往管理職或講師發展，年長者或許體力沒有年輕人這麼好，但我相信他們有足夠的知識和經驗能傳承，因此無論什麼年紀的人，即使退休了，也相當有價值，能夠管理組織也服務他人。」

　　同時，埥粦也鼓勵員工運用公司的專業知識、人脈或資源，進行內部創業，這種做法不僅沒有一般創業的風險，還能幫助員工一圓創業夢。「一直以來，驛筠珍都不是個以利益為導向的企業，我們希望能幫助更多人，也將愛傳遞出去，因此若是員工本來就想要創業，我們會幫助他，讓他在企業內部創業，至於未來展店要開幾間，我們也沒有一定的數字，就看時機是否成熟。我們絕不樂見因為快速展店，將驛筠珍變成一間按摩工廠。」埥粦相信能成功拓展據點的前提，在於員工有沒有想要擁有一間屬於自己的店，「一個想要擁有一間店的人，一定會盡心盡力培訓員工，服務顧客、做好店務，這樣的店又怎麼會失敗呢？」

　　對於埥粦而言，驛筠珍除了是個提供美業服務的場域，更是個傳福音的絕佳地點，比起公司收益，埥粦更關心的是，「愛」是否傳揚到每個員工和顧客心中，一個人的心中有足夠的愛，才有辦法將愛給予他人，因此她不僅教導員工專業知識和技術，更餵養員工正面的心靈能量，幫助他們在從事美業的過程中，具有更高格局的發展。

圖上｜座落於高雄的驛筠珍養身 Spa 會館於 2011 年創立，在當地富有盛名
圖下｜驛筠珍療癒的氛圍吸引不少人邀請伴侶和好友，在忙碌之餘一同享受優質時光

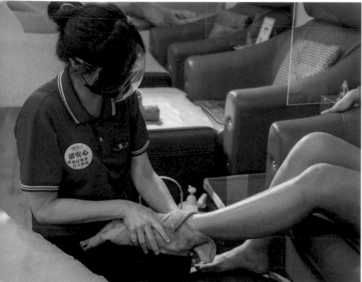

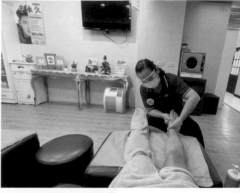

創業者從錯誤中學習，
精益求精邁向成功

回憶起過去的點點滴滴，堉棻坦承自己一開始對創業完全不懂，連團隊的方向也毫無頭緒，不知道到底該做芳療按摩還是傳統的推拿整復，或是做美容教學。在不停嘗試下，驛筠珍走出一條屬於自己的路。

堉棻表示：「早期的我有些觀念並不正確，我會因為自己是個專業的技術者，而感到非常驕傲，覺得自己最厲害。服務客人時，也抱持這樣的心態，認為客人就該聽我的，我很少傾聽顧客的需求，單純只用自己的角度面對消費者。」很快地，她就覺察到，自己的心態和做法，不僅沒有把愛傳遞給客人，消費者的需求也沒有被滿足。她了解到，心就如同一個容器，想要裝進新的東西，勢必要倒掉舊的，看見自己的不足後，她從錯誤中學習並調整心態，很快的，驛筠珍就成了許多人心中數一數二的優質品牌。

儘管驛筠珍已是市場上許多店家仰望的品牌，堉棻認知到自己不能停留原地，必須精益求精，兩年多前她返回校園，就讀樹德科技大學經營管理研究所，努力地學習並拿到碩士學位。堉棻謙虛地說：「過去我只有高職畢業，現在很多員工都是大學畢業，為了教學，我一定要更努力讓他們信服，因此我決定要拿到碩士學位，曾經，我認為自己在經營管理層面有些一知半解，因此趁著這個進修機會重新學習，果不其然，在我畢業後，驛筠珍就有顯著的突破與成長。」

憑藉十多年的積累，驛筠珍在高雄已是許多消費者的首選，驛筠珍並不急著快速拓展事業版圖，反倒希望能透過更多的機會，將「愛」與「光」分享出去，有時驛筠珍也會集結員工，一起到教會從事義工服務，他們相信從事美業，也該如《聖經》所說：「不可使慈愛、誠實離開你，要繫在你頸項上、刻在你心版上。」

圖｜從事美容美體工作對於驛筠珍的員工而言，是一種分享愛與光的方式

經營者語錄

「不但如此，就是在患難中也是歡歡喜喜的，因為
知道患難生忍耐，忍耐生老練，老練生盼望，盼望
不至於落空，因為上帝的愛，已藉著所賜給我們的
聖靈，澆灌在我們心裏。」羅馬書 5:3-5

突破自我的過程是這段經節陪伴鼓勵我，
使我堅持，凡事以「愛」為出發點；
以「承諾、夢想」為目標前進。花若盛開、蝴蝶自來；
人若精彩、愛我的神必定為我安排夢想的人生。

驛筠珍養身 Spa 會館

店家地址

《企業總部暨教學中心》高雄市小港區宏平路 83-2 號

《三多店》高雄市前鎮區滇池街 110 號

《小港店》高雄市小港區宏平路 83-2 號

《五甲店》高雄市鳳山區忠誠路 30 號

聯絡電話

《企業總部暨教學中心》07 807 0557

《三多店》07 333 8987

《小港店》07 805 5156

《五甲店》07 812 2258

官方網站

engspa.tw

Facebook

驛筠珍養身會館

Instagram

@eng.spa_

EO 親子居家 SPA

服務品質，
是反映人生故事
的一面鏡子

服務品質，
是反映人生故事
的一面鏡子

EO 親子居家 Spa 的品牌命名源於能量 (Energy) 以及初心 (Original Intention)，創辦人 Evonne 認為，美容師能為消費者帶來的，不僅僅是技術與效果，也能用正面的能量與氣場，幫助客人卸下壓力、徹底獲得舒心放鬆的效應。

她表示，所謂美容師的氣場，並不是魔法，也非玄學，而是美容師從自己的人生經歷及專業訓練，提煉出其中的精華，並表現在每一次的服務應對與技術手感當中。起心動念，把自己生命當中的體悟，轉化為正向的能量，回饋給每一個人，是 Evonne 身為美容師的人生志業。

台中沙鹿首間親子居家 Spa，
解決媽媽們分身乏術之苦

　　EO 親子居家 Spa，是台中沙鹿地區首間親子 spa，這裡是一個讓無後援的媽媽，可以放心帶著孩子前來，孩子在親子遊戲區玩耍，自己在一旁享受美容按摩服務的親子友善空間，創辦人 Evonne 也是兩個孩子的媽媽，深知媽媽分身乏術之苦，「尤其是在我肚子裡懷著二寶，同時又要照顧老大的時候，感覺更是深刻。孕期常常都好想去按摩放鬆，但又找不到一間可以開放幼兒進入的美容 spa。」

　　Evonne 表示，當初創立 EO 親子居家 Spa 的初衷之一，就是要提供具有差異性的特色服務項目，市面上的美容 spa 多以護膚或體雕課程為主力，不是每一間店都提供專門的孕婦按摩服務，「針對孕期常見的不適狀況，包括抽筋、水腫、孕吐等，其實都可以用孕婦按摩來改善，不需要苦苦忍耐。」她指出，透過孕婦按摩，可以改善淋巴及血液循環，提升免疫力，並減少壓力賀爾蒙釋放等，且 EO 親子居家 Spa 特別引進了孕婦專屬按摩床，進一步提升孕婦按摩的舒適度。

　　也是過來人的 Evonne 指出，在後期孕肚漸漸大起來後，媽媽所感受的辛苦也是與日俱增，就好像身上隨時掛著重物一樣，腰痠發作的頻率會越來越高，躺在一般按摩床上，無論是正躺或側躺，都會覺得卡卡的，但 EO 親子居家 Spa 提供的按摩床，讓孕婦可以趴著享受按摩，將肚子安放在按摩床專屬的凹槽，下方用支撐帶來保護孕肚，對於孕婦而言，是一個最為舒適理想的按摩姿勢。

圖｜ Evonne 認為美容師可以貢獻的不只是技術與經驗，也能把自己的人生故事萃取成正面能量，帶給客人們更全面的美好體驗

而 EO 親子居家 Spa 為人稱道的另外一個特色，就是不會將兒童拒於門外。Evonne 指出，個人工作室的好處在於，自己可以歸納長年訓練所觀察出來的客戶需求，提供客製化的一對一服務，「開放孩童入場，也是我的客製化服務環節之一。」Evonne 笑著說。

她表示，許多人之所以成為媽媽以後，生活節奏大為改變，是因為媽媽們都會忍不住把孩子的需求放在第一位。「現在爸爸單獨帶小孩已經不是什麼稀奇的事情，但社會氛圍還是傾向把媽媽當成孩子的主要照顧者。例如，當孩子在學校發燒或受傷時，老師會優先聯絡媽媽，學校的家長群組成員也以媽媽為主。成為媽媽以後，像是喝下午茶、上健身房、護膚做臉、按摩等，都變成了『有機會』、『有時間』、『等孩子大一點』才能做的事情。」Evonne 既是專業的美容芳療師，也是能夠充分同理媽媽處境的過來人，她強調，不需要等到孩子大一點才能上美容 spa，就算是沒有後援的媽媽，也可以放心地把孩子帶來 EO 親子居家 Spa。

EO 親子居家 Spa 的兒童遊戲空間，緊鄰著按摩空間，媽媽可以隨時聽到、看到孩子的動靜。Evonne 表示，當初曾經考慮把兒童遊戲室安排在獨立隔間，讓客人可以耳根清靜、放空享受按摩服務就好。但考量到孩子不在眼前，媽媽還是會掛心，而且小孩子在玩積木或其他玩具時，有可能需要幫助或指引，美容師一邊進行服務的同時，也可以幫忙顧小孩，留意並解決他們的需要。

圖｜EO 親子居家 Spa 為了讓挺著大肚子的孕婦們，也能用最自然舒適的姿勢享受按摩服務，特地斥資引進了附支撐帶的孕婦專用按摩床

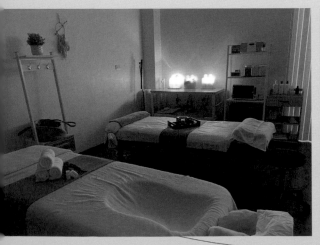

如此一來，Evonne 等於是要在服務的時段中，一邊悉心處理客人的皮膚狀況或其他需求，一邊還要留意孩子的動向，要同時顧好大人與小孩，負擔不會太沉重嗎？Evonne 不以為意：「不會啊！我本來就很喜歡小孩。而且當孩子來到這裡，也會被新鮮的事物所吸引，例如家裡沒有的積木、繪本、桌遊等，他們自己就會沉浸在遊戲的世界，讓媽媽可以安靜放空休息。」

通常遇到要帶著小孩前來的客人，Evonne 都會先詢問孩子年齡，以便準備適合的玩具或繪本等，例如，四歲以上的孩子，可以開始接觸一些簡單的桌遊，光是桌遊就可以自己探索很久；如果是更小的孩子，Evonne 會提供繪本、布書、圖畫紙或木製積木等，等孩子們玩累了，再吃個點心，媽媽也差不多完成按摩療程了。「當然也有比較怕寂寞的小孩，會一直跑來按摩區，甚至還有遇過全程趴在媽媽身上，直到按摩療程結束的。」

Evonne 補充說明，一般在中大型的美容沙龍，是不可能允許兒童入場的，在按摩區打轉的孩子不但會影響美容師的操作，也可能影響到別的客人。「但我希望能夠服務沒有育兒後援的媽媽，她們是最需要紓壓放鬆的一群人，就算碰到孩子跑來趴在媽媽身上不肯走的狀況，我也能淡定以對，只要我能順利完成美容按摩課程，讓客人獲得開心的體驗就好了。」

圖｜從入口處到兒童遊戲空間，以溫暖的原木色為主色調來設計，讓單獨前來或帶著小孩的客人，都感受到柔和而放鬆的氣息

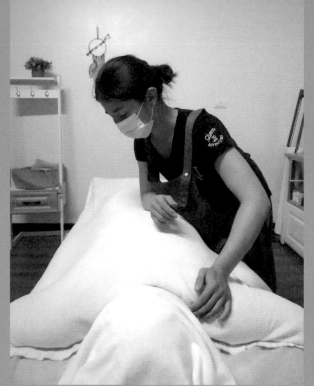

從連鎖體系到自立門戶，
用長年累積的內功深化服務特色

市場上諸多美容沙龍，都以「客製化服務」作為主要訴求，強調能夠針對客人的膚況、體質及當下狀態需求，打造最適合的解決方案。然而，能夠「客製化」的前提，仍然在於美容師是否具備足夠的技術基礎及經驗。

大學就讀美容科系的 Evonne，在學校學到了完整的人體皮膚構造基礎知識，以及美容、美髮的相關技術手法。畢業時面臨職涯的抉擇關口，決定走入美容行業的理由其實相當單純：「美髮師不免要長年接觸髮膠、造型髮蠟、燙髮藥劑等化學物質，我實在不太喜歡這些化學藥劑的味道。如果走芳療美容這一塊，至少我接觸到的大部分都是對人體有益無害的精油、乳液等。」

然而，相較於美髮師的養成過程，芳療美容師在拿捏手法力道時，需要考量的因素更多，例如按摩不同部位時，姿勢是否正確，還要訓練自己的手勁，才能提供真正有效果的按摩服務。她表示，現在有美容科系的學校，會請業界的講師來傳授實務經驗，教導學生如何預防職業傷害。「而在我剛入行的時候，這些東西真的只能自己摸索，技術手法幾乎等於要打掉重練。在連鎖美容沙龍任職時，也看過很多新人因為手法、姿勢拿捏失準，導致腰椎或手部受傷，我認為，在擁有完整訓練體系的品牌沙龍任職過，對我來說是一個蠻大的助益跟加分點，因為在公司政策的規定下，各項技術都要通過考核，才算『學成出師』，能夠真正上線服務客人。而另一方面，通過考核以後，表示手法、力道跟姿勢都能夠精準掌握，也知道怎麼避免職業傷害。」

EO 親子居家 Spa 的正式成立時間，是在 2021 年 11 月底，Evonne 憶及，從 2020 年開始，她任職的連鎖品牌沙龍因為疫情，營運上受到衝擊，在三級警戒期間，美容師也放起了無薪假。「在充滿不確定因素的時局中，我興起了自行創業的念頭，一方面是因為已經入行十年多，在技術及經驗值方面，已經有了穩固的基礎，想試試看用個人身分、而非公司名義來服務客人；另一方面，就算沙龍復業後，也不確定何時又要迎接另一波無薪假，與其被這些不確定因素困擾，不如化被動為主動，去開拓自己想要的生涯。」

在準備開業的期間，Evonne 先以到府居家按摩的形式進行服務，每天騎摩托車，載著一張簡易的按摩床東奔西跑，碰到住在無電梯公寓的客人，扛著按摩床爬到四、

五層樓的經驗也不在少數，「扛著床爬樓梯再把按摩床就定位，工具準備就緒、按摩還沒開始，就覺得體力消耗掉一半以上。」Evonne 笑著指出。然而，度過了一年多東奔西跑、體力消耗巨大的生活，也讓她成功培養出一批新的客群，有信心離開公司羽翼的保護，成為一位獨立開業的美容師。

許多業內人士都曾透露，到府按摩服務有一定的風險，針對個人安全保護措施，Evonne 指出了「限縮宣傳範圍」及「過程中錄影」兩個執行準則。她表示，自己只會在成員單純的媽媽社團或媽媽社群當中，介紹自己的服務，確保看到訊息而前來預約的，都以媽媽成員為主。至於過程中錄影，她表示，這是為了保護客人跟美容師雙方，客人在接受服務過程中通常是趴著，或閉上眼睛休息的狀態，這時美容師在自己房間裡走來走去，客人會覺得不安，也是情有可原，而美容師也害怕遇到有不良企圖的客人，為了消除不安全感，過程中錄影是一個必要的保護措施，等到服務順利結束後，她就會當著客人的面刪除錄影檔案。

「從任職連鎖體系，到居家按摩，再成立個人工作室據點，經歷了一波又一波的打掉重練，不但服務內容要重新調整設計，也因服務區域改變的關係，我並沒有把沙龍時期的客人帶過來，而是從零開始自己設計傳單跟宣傳素材，開立社群帳號等，建立一批新的客群。」Evonne 補充說明，

任職連鎖品牌美容師，與獨立開業打造個人品牌，各有其優缺點。留在大公司體系的優點是能夠享有完善的訓練資源，照著 SOP 來執行服務，也不用煩惱要怎麼開拓客源。然而，若要符合公司政策規定來操作，美容師的自主發揮與判斷空間，也會被限縮。「假如一套課程的步驟，包括ABCDE，美容師不可以多做或少做任何一個步驟，像使用別的產品幫客人加強保濕之類的臨場發揮，都是不行的，這是企業管理一致化的必要性。」

而自行創業，知名度與客群基礎要重新累積，但美容師可以根據自己長年的經驗與判斷，幫客人設計真正的「客製化」服務。同樣是臉色暗沉，成因就大不相同，可能是來自經前症候群或是心理壓力、熬夜、飲食失調等。根據成因不同，受過訓練的美容師，能夠用最適切的方式去幫客人改善狀態，也能夠視療程的效果，隨機應變調整。Evonne 同時透露：「在後疫情時代，個人工作室因為只提供一對一服務，人流相對單純，在環境消毒、出入管理等步驟執行起來也比較方便，對客人來說是另外一層保障，也是個人工作室的優點。」

運用既有的專業素養，再根據個人的判斷，來調整並升級服務內容，創業短短一年多，EO 親子居家 Spa 每月開放預約時段，在幾小時內就會被搶約一空，這就是客製化服務的魅力與優勢所在。

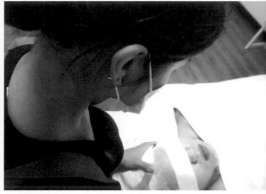

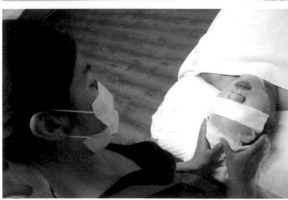

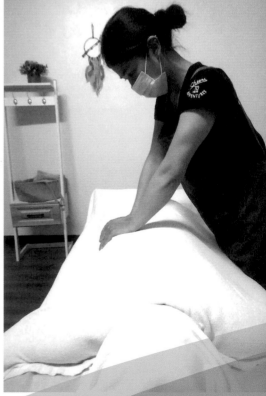

圖｜大學就讀本科系、在美容行業歷練了十年多的
Evonne，擷取過往專業訓練的養分，設計出獨有的差異化
服務來培養出自己的客群

體察客戶對於美的嚮往，運用差異化服務提升品質

「我從少女時期就感受到，外型是否打理得宜，對一個人的自信跟生活品質，絕對有關鍵性的影響。」Evonne 表示，自己曾有一段時期身材肉肉的，光是走在路上，看到街上的女性都在買漂亮衣服，就會心生自卑，甚至在挑保養品的時候，還會萌生出一股「我擦保養品也沒用吧！」的念頭。直到遇到喜歡的對象，瘦身成功後才親身體會到外型的改善，確實能夠提升一個人的自信，乃至於人際關係、世界觀及生命經驗都會獲得正面的能量。

Evonne 強調，時下消費者不但重視服務空間的舒適度、美容師應對的態度等服務體驗，也要同時看到「效果」，「現代人來做 spa 已經不是只為了紓壓放鬆，她們也希望起身後看著鏡子裡的自己，能夠看到氣色明顯提亮、膚質變光滑、身體曲線變得緊緻等明確效果。至於要怎麼確保服務是有效果的，靠的就是美容師的判斷力，技術手感是必備，判斷力才是能否留住客戶的先決條件。」

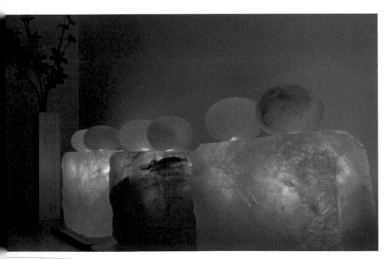

　　EO 親子居家 Spa 所使用的美容美體按摩產品，可分為花精、精油、矽礦、鹽球、震動儀、筋膜放鬆儀器等，Evonne 補充說明，光是同一位客戶，每一次來的狀況都不一樣，舉凡肌膚出油、作息紊亂、心理壓力等狀況，美容師必須從諮詢當中得到足夠資訊，才能夠挑到正確的按摩產品。「像客人來到工作室時，看到矽礦跟鹽球這兩種按摩工具，都會好奇詢問，而矽礦的主要作用是應用每秒的高頻率波頻震動，來促進人體新陳代謝，加速廢物排出，舒緩並消除疲勞；而鹽球在加熱後用於人體按摩，則是能發揮去角質、排濕、加速循環的效果，在經前水腫或體內濕氣重的人身上作用效果特別良好。同樣都是加速代謝的按摩環節，美容師要能夠根據客人不同的特質與需求，來決定使用工具，才能確保服務的效果。」

圖｜面對同樣是追求身體排毒、紓壓及促進代謝的客人，針對不同體質與狀態，美容芳療師要懂得使用對的產品，才能發揮效果

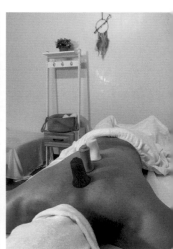

「非業內人士搞不清楚花精按摩跟精油按摩的區別，這也是很常見的。」Evonne 透露，自己在懷第一胎的時候，一直處在焦躁的狀態中，直到喝了花精，情緒才沉澱下來，後續也能用平順而穩健的心情，來應對生活中的新挑戰。花精按摩是透過人體的淋巴系統，來吸收相關的萃取成分；精油則是運用成分中的香氛因子，透過皮膚表層吸收後再發揮作用。同樣是應用氣味分子加上按摩效果的課程，EO 親子居家 Spa 的艾灸溫罐，適合的對象則是容易情緒緊繃、生活步調忙碌的人。「之前曾經在好幾張床放在同一個空間的沙龍中，親眼見證艾灸的威力。在同個房間，不同美容師的腳步聲與不同客人的交談聲交錯下，進行艾灸課程的客人還能放鬆到睡著，表示艾草的氣味對於舒緩情緒，有非常大的效果，搭配艾草滑罐類似刮痧的功能，還能緩解中暑症狀，提升睡眠品質。」

　　而針對想追求緊緻美顏的客人，Evonne 會使用特殊的氣波按摩儀器，透過細小的電流來幫臉部做「被動式瑜珈」；想改善身體線條的人，可以選擇非侵入性的音塑脂雕課程，透過探頭來製造皮層內的音波震動，進而讓脂肪乳糜化，縮小體積。「做完音速脂雕以後，如果乖乖搭配泡澡或運動，線條的改善會非常顯著；相對地，如果做完以後馬上去大吃大喝，那不如不要做。」而筋膜放鬆按摩，使用的則是運

圖｜Evonne 強調，各種療程在不同人身上能夠達到的效果為何，專業人員要依據經驗做出精準判斷，也要誠實告知客戶效果，不可誇大

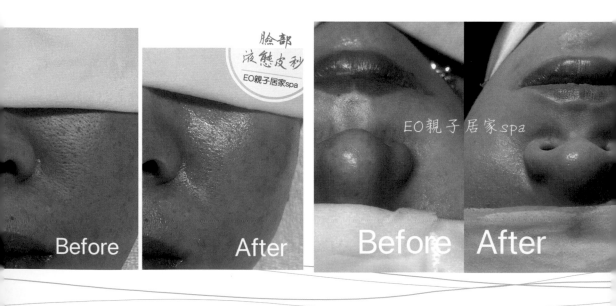

動員專用的放鬆儀器，跟球后戴資穎使用的是同一個廠牌，針對現在越來越壯大的健身族群，筋膜放鬆按摩這個服務項目的市場接受度也越來越高。

膚況改善的部分，則是包括基礎保養、針對問題痘痘肌的藻針玻尿酸課程以及淡化細紋斑點的液態皮秒課程，搭配冰導儀器去作鎮定降溫，防止皮膚後續脫皮及發炎反應等。溏瓷裸肌課程則是素顏美肌愛好者的首選，搭配儀器刺激膠原蛋白增生、改善色素不均問題，做完就像上了一層粉底或濾鏡一樣，能夠立刻擁有粉嫩上鏡美肌。

「現代人的職業、飲食習慣及生活型態都很多元，客人在預約的時候，通常也不知道自己的保養療程具體上該怎麼搭配。什麼時候該用花精或精油、客人的狀態此時能不能做藻針等，這些細微的操作變化，真的只能靠美容師的經驗來判斷，什麼時機該使用哪些東西，觀察力和判斷力的養成是沒有捷徑的。重點是，要具備足夠的專業去選擇適合的產品。」像當初為了改善兒子的鼻子過敏，而去學習的耳燭療法，Evonne 也堅持使用有醫療證書、異物感低的德國製耳燭，雖然成本相對高，但是只要客人察覺，她們所體驗的每項服務，都是舒適而有效果的，不需要特別提醒或促銷客人就會自動回流。

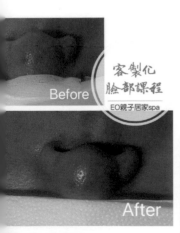

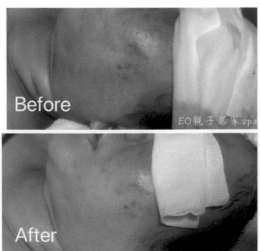

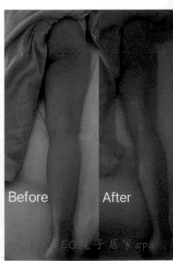

個人工作室經營祕訣：
流程、定價單純化

　　「本身也在商場打滾多年的爸爸曾經提醒我，成功之道在於滿足人內心的渴望，只要你的整體服務，讓客人覺得物有所值，甚至物超所值，你就不需要用表面的折扣去吸引人。」Evonne 認為，在商言商，尤其台灣消費者對於 CP 值的看重程度極高，業者用包卡、折扣等手法來留住客戶，以商業邏輯來看再正常不過。

　　然而，Evonne 希望，客人之所以回到 EO 親子居家 Spa 消費，純粹是因為美好的體驗，而不是因為買了二十堂、三十堂課程，為了消耗額度而來。她表示，很多客人基於在別家沙龍消費的經驗，起手式都會問：「請問妳們有沒有體驗價？」她指出，其實只要稍微做點功課，就會知道每一項特定服務的市場均價大概是多少，有了初步的價格基準，再扣掉租金、水電、產品等成本抓出合理的利潤區間，就能把定價結構設計得簡單易懂。

　　她強調，個人工作室人力有限，千萬不要把流程複雜化。「具體一點來說，我自己知道如果要進行服務、紀錄客人狀況、管理店務等，時間會不夠用，所以我就直接引進付費預約系統，讓想預約的人一律用單一平台預約，就能大幅節省回私訊、紀錄與排程的時間。雖然平台使用費是另一筆開銷，但是投資一定的金額，換取更長遠的利益，我覺得這是創業者要學會拿捏的事情。」

圖｜在過往的職涯中，Evonne 習得了諸多讓客人放鬆、創造無壓環境的眉角細節，這些歷程都成了 EO 親子居家 Spa 的服務特色

在進入美容行業之前，Evonne 也曾經在飲料店及各種服務業任職過，許是天賦所在，她總是能跟客戶迅速建立互信的默契。「在飲料店打工時，對於常來消費的熟客，我會特別去記住他們常點的品項是什麼，節省他們開口點單的時間。進入美容業以後，我自己會記下每個客人的外型特徵、上次來的聊天內容及特殊狀況等，只要你記住一個別人沒有記住的小細節，客人就會大為驚喜，對你的印象分數直直往上加，在美容業，這種現象尤其明顯。」她解釋，客人要把自己的臉、皮膚及身體交給美容業者來做管理，甚至開口對美容師傾吐自己的煩惱等，基礎都是來自信任，而信任，則奠基於細節當中。

Evonne 憶及在連鎖品牌沙龍任職多年所累積的細節管理經驗：「因為品牌的客戶中有許多總裁、藝人等 VVIP 級客戶，所以訓練內容包括講話的方式、談吐內容、迎接客人的方位、待客開場白以至於放毛巾的方式，都會仔細雕琢一番，光是把腳枕拿起來的手法跟力道，就被調整了好幾次。從這樣的訓練體系歷練出來的美容師，待客風格會偏向謹慎跟彬彬

有禮，連我的客人都會反映：『妳講話可以直接一點嗎？』哈哈！」

然而，她分析指出，美容師受過什麼樣的訓練，在什麼樣的環境被薰陶養成，就會長成類似的風格，美容師展現出來的氣場、素養與特質，決定了品牌能夠吸引到什麼樣的客戶，因此，她也建議有心入行的人，不要省略自我探索跟成長的過程。「的確，很多人入行的初心是因為喜歡美的事物，或是想追求高收入等單純的理由，但是如果真的對美容業有興趣，我建議先加入知名的品牌體系，吸收完整的訓練內容，或是在各個沙龍都歷練過，你才會知道自己適不適合待下來，更加明白自己的心之所向。」

如同 Evonne 輾轉經歷過各個行業後進入美容產業，也曾度過一段只能領底薪、埋頭苦幹從頭學起的日子，而那些時光，如今都淬煉成誰也帶不走的專業能力，她認為，每個美容師的經歷都是一段獨特的故事，更棒的是，美容師能夠用自己的故事，來成就更多人的美好人生。

経營者語錄

我一直覺得我只要做得比別人多一點，就是多進步一點，想要過得與眾不同，就要做別人還沒做或不願做的事情，天馬行空的想法，願意去實踐就是一個商機。我們相信，正面的生活觀可以啟動健康，感受被愛是最好的紓壓方式，邀請你用 spa 學習愛自己，透過身體訊息來認識自己。

EO 親子居家 Spa
Energy & Original Intention

店家地址

台中市沙鹿區德化街 81 號 2 樓

聯絡電話

0975 943 502

Facebook

Eo親子居家 Spa －台中孕婦按摩 / 芳香療法 /
客製臉部保養 / 刮痧 / 體雕 / 艾草溫罐

Instagram

@eohomespa

芭比美學坊

BABI JEN

讓你素顏
美出新高度

當手機成為生活必需品時，無可避免地，
人們彷彿活在一個被濾鏡和美顏包圍的世
界，濾鏡效果推陳出新、手機修圖效果也
越來越精緻，這讓大家不禁思考：美顏相
機裡的好膚質、靈動的雙眸、精緻的臉型，
能否有機會成為現實生活的模樣呢？

來自高雄，擁有二十年美業經驗的黃庭蓁
（小蓁老師），創立「芭比美學坊」，透
過她多年來不停進修、專研技術，幫助愛
美的女孩們，達成這個看似不可能的夢想。

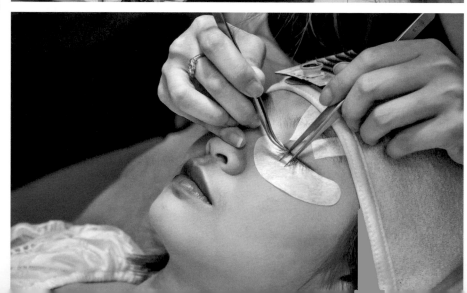

憑藉對美容的高度熱情,初次比賽即榮獲佳績

　　小蓁老師就讀樹德家商美容科時,開始學習各項美容技能,但初期她並沒有以此作為正職,直到結婚生子,由於想要兼顧家庭與事業,她在岡山區成立「芭比美睫藝術」而後改為「芭比美睫紋繡學苑」,用自家空間接待顧客,因她卓越的美睫技術,在開業沒多久後,就吸引許多人遠從高雄小港和屏東慕名而來,並有不少人鼓勵她參加比賽,周遭的顧客與親友相信小蓁老師即使沒有任何比賽經驗,也絕對能拿下好成績。果不其然,第一次參賽的小蓁老師,就在美睫項目中奪下佳績。

　　小蓁老師表示:「我一直在進修美容技術,從美容、彩妝、皮膚管理、美甲、美睫到紋繡,都投資許多時間和精力學習,以美睫來說,學成後我便尋求身邊親友協助,請她們擔任練習的模特兒,總共在一百個人身上練習、操作,熟練後才正式接待顧客。」不少人被邀請擔任美容模特兒,都會擔心美容師技術不純熟,但當小蓁老師邀請身邊的親友時,她們總是大力相挺,因為看過小蓁老師在美業上的執著,即使一開始失敗了,也絕對會不眠不休調整到好,因此她們從不擔心小蓁老師失手,每每只要小蓁老師需要模特兒,親友們都會義無反顧的協助。

　　由於「芭比美睫紋繡學苑」的顧客數量越來越多,顧客評價也非常高,2020 年小蓁老師選擇在岡山鬧區,創辦「芭比國際美學有限公司」。這是小蓁老師首次在岡山的鬧區租下店面,當時她雇用兩名員工,每個月給予員工兩萬五的底薪,加上店面租金,每個月總共開銷高

圖上 ｜ 小蓁老師在自家工作室時,擁有相當豐富的經驗與資歷,許多慕名而來的學生寧可在狹小的空間裡向她學習

圖下 ｜ 小蓁老師的學生練習美睫

達十多萬,由於龐大的支出,小蓁老師發現比起開設個人工作室,經營店面必須承擔更多的責任和壓力,而且在接待顧客時,似乎也沒有當時在工作室時,有充裕的時間和精力。

「在鬧區開店不如我想像中的順利,加上我要顧及股東、員工和顧客三方的意見,以及支付各種開銷,壓力真的不小。」儘管店面營運也算穩定,但小蓁老師卻迎來一個令她措手不及的意外。丈夫因為事故身亡,她必須接手處理丈夫車貸、房貸等貸款問題,這個突然其來的意外,讓小蓁老師不得不做出歇業的決定。「當時一定要先關店,我沒辦法在無法專心的情況下創業,這樣一定會賠錢。歇業並冷靜一段時間後,我將丈夫的債務一件一件處理掉,而後再想辦法把房子貸款清償並購回。」

圖上｜小蓁老師帶領學生在許多美容大賽囊括多項大獎

圖下｜外型姣好的小蓁老師是許多顧客心中變美的模範

給顧客的最佳保證：
專業、服務和誠信

「如果生命給你檸檬,那麼你就做成檸檬汁。」面臨逆境時,小蓁老師保持樂觀,她沈住氣勇敢面對挑戰,一步一步解決丈夫的債務問題,2021年,她總算處理完所有的債務,如同浴火鳳凰,她重新規劃當時中斷的事業,由於小蓁老師的母親和妹妹都住在仁武區,因此她決定將仁武區作為重新出發的起點。

有了在岡山鬧區開店的經驗,小蓁老師在仁武區創業時,便決定回歸到個人工作室的經營模式,僅靠一人之力提供服務。小蓁老師表示:「有些客人因為喜歡你才預約服務,他們想要跟你聊天,也期待你聆聽他們的需求,在店面這種人來人往的環境,很難讓顧客放鬆安心地說出內心話,因此在仁武區創立芭比美學坊時,我決定要全心傾聽顧客需求,親力親為服務顧客,也為他們規劃客製化的課程。」

「專業」、「服務」和「誠信」是小蓁老師給予顧客的保證,每項她親手做出的作品都像是她的孩子,她總是不厭其煩,願意不計成本和時間,直到調整出最完美的作品。

353

丟掉化妝品和濾鏡吧！試試全台獨家客製化裸妝術

目前芭比美學坊最火熱的明星課程是「全台獨家客製化裸妝術」，這個課程是小蓁老師根據她多年的知識，發展出一套包含新科技儀器、高端產品、專業手技、美容皮膚管理、半永久遮瑕及新半永久紋繡眉眼唇的客製化課程。小蓁老師說明：「由於每個人膚況截然不同，客製化裸妝術會先檢測顧客膚況，列出待改善重點再一一處理，我會透過煥膚、代謝和修復基底的原理，協助顧客改變肌膚底層，讓肌膚變得更亮，同時也修復凹洞與細紋。」

小蓁老師會規劃出這套課程其實是因緣巧合，某次一名顧客到訪時，她劈頭告訴小蓁老師：「我想要跟你的皮膚一樣，不用化妝就能有裸妝感出門！」，小蓁老師首次聽見這樣的顧客需求，起初她愣了幾秒，隨後便告訴顧客：「可以，我能幫你實現這個想法，但是你必需配合我。」

小蓁老師除了以她獨家煥膚配方，搭配手技為顧客護膚，同時也請顧客務必使用適合的保養品，以加深保養的成效，她要求顧客必須使用少量或沒有化學添加物的保養品。「我不會要求顧客一定要使用我的產品，或是大品牌、高價的東西，但我會非常認真去看她們是否使用正確的保養品。」她認為對皮膚有加乘效用的保養品，必須盡量天然、少化學成分，才能真正改善肌膚的底層基礎，讓肌膚變亮、細紋減少，達到逆齡、回春的效果。

芭比美學坊有位女性顧客，即是先改造皮膚基底層，讓全臉膚質變得健康和白淨，隨後再一一修改眉毛、眉型與眉色以及美瞳線、眼形的調整，讓整體視覺達到逆齡效果，這名顧客在短短一個月內，外型就有巨大改變，不少親友也請她分享變美秘訣，芭比美學坊在沒有太多的行銷廣告下，幾週內的預約就已爆滿。「由於資金有限，我不會花大錢砸在廣告上，而是努力提升自己的技術，專注顧客的需求，提供最好的服務，我相信這麼做的話，每個顧客走出去都是一個活生生的廣告招牌，身邊的親友都會發現他們變得更美，而願意嘗試體驗芭比美學坊的服務。」小蓁老師表示。

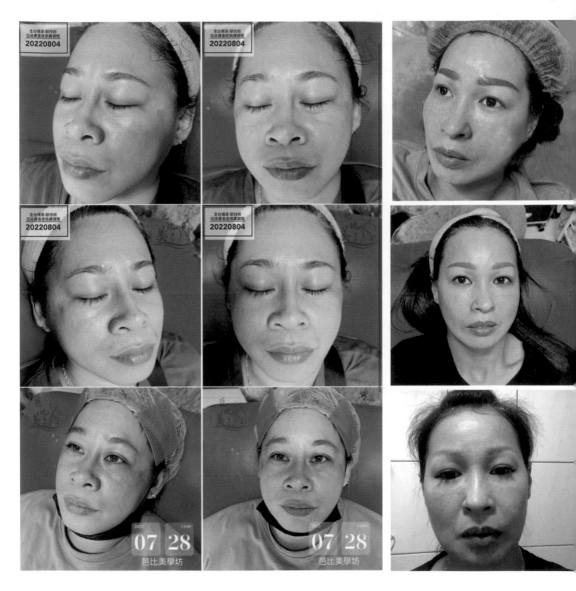

圖左｜透過煥膚、代謝和修復基底的原理，協助顧客改變肌膚底層，讓肌膚變得更亮白無暇
圖右｜全台獨家客製化裸妝術是根據小蓁老師多年知識及經驗所專研出的一套課程

全台獨家客製化裸妝術除了能讓肌膚更逆齡外，還能製作半永久的鼻影、眼影，並能針對斑點、膚色不均、黑眼圈的部分做加強和遮瑕，不需化妝就能擁有幾乎沒有瑕疵的皮膚。除此之外，小蓁老師還有獨家的飄霧眉技法和線條技術，讓眉毛更有型，若是想要調整眼型，讓眼睛看起來更迷人，也能透過半永久的眼線和 4D 美瞳線做出宛如化妝的效果。

另外，許多女性都喜歡擦口紅，但口紅含有大量化學成分、染色劑，經年累月下來有可能對身體帶來影響，且長期塗抹口紅，也有可能讓嘴唇顏色變得暗沈。在客製化裸妝術中，小蓁老師幫助顧客還原、淡化嘴唇色澤，不需要擦口紅，就有宛如擦口紅的效果，讓面容更顯精神。

「一直以來，我都不喜歡用太多化學成分的產品，出門我也幾乎不化妝，很多人以為我有化妝，所以才有這樣的皮膚跟『妝容』，但後來他們發現我真的沒有化妝，陸陸續續有顧客告訴我，希望能跟我一樣，不用化妝就能有化妝的美顏成效。」小蓁老師表示，這一套的客製化裸妝術不只能幫助顧客找回健康光彩的肌膚，還能獲得「自帶濾鏡感」半永久的妝感，芭比美學坊更是佛心贈送半年的「售後服務」，在這期間，所有的半永久紋繡部分皆可無限免費回補調整。小蓁老師說明：「由於半永久紋繡使用的是植物性產品，加上每個人的肌膚狀況不同，顏色代謝的狀況也不同，為了呈現好的效果，往往需要一步步調整顏色來維持。」

圖｜比起店面，個人工作室能讓顧客安心地與美容師溝通

圖｜小蓁老師擁有絕佳的美感和細膩的手法，贏得不少顧客的青睞

練習的重要性:失敗為成功之母

　　加拿大暢銷作家葛拉威爾(Malcolm Gladwell)曾在書籍《異數》(Outliers)中指出:「人們眼中的天才之所以卓越非凡,並非天資超人一等,而是付出不斷的努力。1 萬小時的練習是任何人從平凡變成超凡的必要條件。」儘管從事美業並不真的需要 1 萬小時的練習,但學習一項技能,多做練習絕對是打磨技術的不二法門。

　　儘管小蓁老師在美睫比賽中初試啼聲就拿下佳績,但她並不因此而自滿,每每學習任何事物,她總是想盡辦法練習、修正,甚至練到三更半夜也不喊苦。小蓁老師說:「學習過程中當然會碰到瓶頸,而且會碰到大大小小的各種『坎』,很多人碰到『坎』,會心生恐懼、停滯不前就放棄了,我有很多學生都是如此,但或許我的個性就是喜歡挑戰,做不好的地方我會想方設法做好。」

　　因為小蓁老師不輕言放棄的個性,總是努力把不完美的地方做到完美,身邊親友看到她強大的決心和毅力,而願意讓自己「以身試法」,嘗試小蓁老師學習到的新技術,「創業過程中,我相當感謝家人,尤其是媽媽與妹妹和身邊的閨蜜姐妹,她們總是力挺我、相信我,願意讓我在她們身上練習。」

　　同時,小蓁老師也提醒,當親友願意當模特兒時,自己也必須有誠意、不怕挫折,要有不管怎樣都要做好的決心,絕不能隨意練習又不做好。「練習模特兒並想辦法做到好,這是很基本的,初學者可以這樣練習,相信透過經驗的累積,日後創業也能累積正面的口碑。」小蓁老師說道。

　　有人說:「人生最大的失敗,就是從未失敗過。」,學習美業時,每一次的練習都可能面臨失敗,但如何從失敗中萃取經驗,作為下一次的墊腳石,就是決定初學者,能否進階成專業美容師的關鍵因素。小蓁老師對於失敗和挑戰總是懷抱著相當正面的心態:「學習美業技術、創業,道理都一樣,你必定會碰到難題,但重點是要想辦法解決而非逃避,『失敗』發生在哪裡,累積經驗的『機會』也在那裡,只要沉住氣就會有收穫。」

創業時，最好的投資要放在自己身上

　　小蓁老師從十六歲起就是個不折不扣的創業家，她做過直銷、經營網拍美甲片及童裝，甚至開過咖啡店，她在電商、餐飲等領域都有相當豐富的創業經驗，過程中有月收數十萬的風光成績，也有因周轉不靈而面臨重大危機。十幾歲的創業心態，到今年三十多歲，成為兩個孩子的母親，比起過去她更謹慎面對事業的每項決定。

　　小蓁老師表示：「如果你想投資，必須要清楚認知，投資並非一定賺錢，你必須要有個心態，這筆錢若損失了對你來說不痛不癢，那再去投資，在眾多投資的方式中，我認為最佳的投資就是投資自己，因為投資在自己身上的東西絕對不會消失，因此在創業後，我所賺的錢都是投資在進修上，這過程中或許會踩雷，但沒有關係，因為這就是一種人生經驗。」

　　儘管小蓁老師充滿學習熱忱，只要有新的技術和課程發表，她都會傾注心力的研究，但在五花八門、推陳出新的美業中，選擇進修項目時，她發展出一套心法：「很多新技術、新產品或儀器出現時，我會先觀察、研究並嘗試，效果不錯我才會用，必須要先辨別這個東西是不是換湯不換藥，改個名稱重新被包裝出來，再決定是否要投注金錢和時間學習或購買。」

　　此外，小蓁老師也相當重視技術的不可取代性、獨特性和未來趨勢，她認為如果一項技術太容易被模仿、缺乏技術含金量，就沒有學習的必要，因為顧客能輕而易舉獲得這項服務，甚至直接購買儀器設備自行操作，不需要美容師的專業服務。當許多人一窩蜂跟風學習一項美容技術時，小蓁老師則傾向從中研發出更無可取代，且更能符合消費需求的課程，並努力發展自己已有的專業，而非迷失在充滿行銷語言、看似新奇的「新技術」中。

許多人都認為美業是個瞬息萬變的產業，許多無法穩定地踩在變化浪頭上的從業者，往往會被巨大的波浪給吞噬，對於小蓁老師而言，抓住市場導向和顧客需求並不足夠，更要走在市場前面才能洞燭先機，搶先為市場開出一個裂口。全球疫情爆發之前，小蓁老師研發了一種當時市場還未出現的仿真、具有毛流，並有線條感的霧眉方法，因為這項技術相當獨特，2019 年時，還被泰國的美業團體邀請前往發表，然而隨後疫情爆發，由於旅遊禁令，小蓁老師無法前往。過了不久，市場上開始出現小蓁老師所研發的霧眉技術，小蓁老師不以此感到挫折，反而更確定自己的實力能在本有的專業中，研發出引領市場的新技術。小蓁老師說：「我們沒有太多資金去做品牌行銷廣告，因此我必須應用我有的知識和經驗開創出別人所沒有的，才能讓品牌保有獨特價值。」

圖｜小蓁老師相信透過不斷地努力及百分之百的熱忱，才能在美業中走得長久穩健

給創業初心者的真心話

從高職時期，小蓁老師就培養出對美容的巨大熱忱，這個熱忱直到現今都毫無減少，她建議想要學習美業的初心者，必須先觀察自己是否真的對美容美體有興趣，「興趣非常重要，因為有濃厚的興趣會讓你感到快樂、在練習或工作過程中帶來喜悅，即使一開始做的不好，你也會因為興趣而持續研究，當專研得更深更廣時，就會學到更多東西，這不是老師在課堂上能教授給你的，但這才是屬於你無價的寶藏。」

從技術學成到創業，許多創業者首先會面臨到資金的問題，由於政府現在推出許多青年創業貸款或女性創業貸款的計劃，鼓勵民眾申請，申請門檻也不算高，因此創業資金取得並不難，但小蓁老師仍提醒，初心者應該對於自己的技術有一定的把握，並有創新的特色，同時也有興趣，再思考是否要真的放手創業。

另外，小蓁老師過去曾開過咖啡廳，當時生意相當好，但因為創業時沒有預留備用資金，因此碰到突如其來的意外，就造成咖啡店無法繼續營運的窘境。因此小蓁老師提醒創業者，創業時必須先準備半年至一年的租金，並且扣除裝潢費用、儀器設備、美容耗材、或是人事費用等支出後，保留一筆備用資金，才能確保事業在無法預期的狀況下，仍舊保有正常營運的能量。

至於創業是否要找人合資，小蓁老師認為，獨資、合資各有優缺點，若要合夥，建議找有共同興趣、相關行業，或是能在產業鏈中互相搭配的合夥人。合夥人若純出資，無法投注心力參與營運，創業者會相當辛苦。「以合夥的定義來說，表示我有技術，你也有其他能貢獻的能力，大家一起出錢努力，人多力量大才叫合夥，若是純出資金的人，應該算是投資，創業者就必須好好地與投資人溝通利潤比例。」小蓁老師提醒。

圖｜客製化、獨一無二的課程才能針對顧客需求，給予最佳的服務與成效

　　小蓁老師目前創業即是採用獨資的方式，她認為獨資讓她減少資金壓力，有餘裕在顧客上投注最好的產品和服務，並有更充裕的時間安排進修精益求精，將焦點放在顧客服務。她說：「如果是需要花費租金的創業者，我不建議一開始規模做得太大，因為除了租金外，還要負擔人事費用、及各種必要支出，龐大的壓力很有可能讓你無法專心服務顧客。」

　　從事美業不僅考驗創業者的技術，如何與顧客維持良好關係也相當重要，因此初期若品牌尚未有穩定的客源，她建議應該將大部分心力，放在提升技術與顧客關係的維護，以小規模的商業模式穩扎穩打地營運，較能提升品牌成功的機會。「很多客人是因為信任你才留下來，如果心力不夠，無法做好服務並訓練員工，且同時顧及消費者感受，並留下進修的時間，這絕對會影響到品牌和你個人的口碑。」小蓁老師表示。

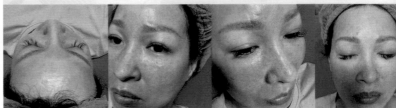

獨家配方｜客製化・換膚療程

「獨家配方+高端原液+新科技儀器導入+術後修護」
真正的達到肌膚基底的換膚，讓您輕鬆不化妝也能出門

第一次6/5 做完後紀錄

第四次做完拍 可以把照片放大看 毛孔 慢慢縮小不見了

豐富的美業經歷，融合知識與實務經驗

對於顧客而言，小蓁老師是個無人能取代的美容師，不少人也因為相當信服她的技術，而想要拜師學藝，且小蓁老師在美業的經歷相當豐富，她曾擔任過 IBC 國際認證中心美睫 / 紋繡雙證書的講師和技能檢定評審長，並在美國密西根 MNS 國際菁英盃競賽，擔任競賽高級訓練講師，以及在國際美容美髮大賽擔任評審長，豐富的資歷不僅能教導學生美容技能，更能給予學生發展美業事業的實戰經驗。

小蓁老師說道：「若是未來再從事教學，我會採取階段性的方式，因為客製化裸妝術融合過往所有的知識與經驗，必須根據每個顧客的膚質，做出專業的判斷，這不只是一門單純的技術，更非常考驗美容師的知識和經驗，需要有時間的積累才能培養出判斷顧客肌膚的知能，並根據顧客的狀況，設計專屬於每個人的課程，這些很難單純以上課的方式教授給學生，因此未來我打算先教學生認識肌膚，看學生的吸收程度再深化教學內容。」

當網路行銷策略推陳出新時，許多美業創業者擔心自家品牌會被大量的廣告、行銷話術給淹沒；卻也有一些創業者，如同小蓁老師，她們從不擔心其他品牌削價競爭或高額的行銷廣告預算，會為自己的生意帶來衝擊，她們只擔心自己沒有更多的時間和精力，能完成進修並持續練習。在她們的創業哲學裡，廣告行銷只是錦上添花的策略，更重要的是，研發絕無僅有的一項技術，並提供讓顧客滿意的服務。

圖上｜不少人期待小蓁老師未來能開班授課
圖下｜小蓁老師擁有豐富的評審、教學資歷

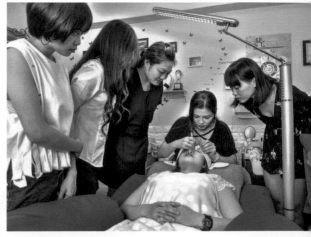

IBC
全球巡迴教學推廣
泰國曼谷站

.06.05-06.09
kok, Thailand

介紹
菁英講師
睫雙證書
能認證暨初級講師考核
委員
容美髮大賽
/美睫評審長
/半永久紋繡
認證
日本ネイリスト協會
師認證
根MNS國際菁英盃競賽
裁判
黃金盃OMC世界盃國手選拔
/美睫裁判
國際認證
委員暨冠軍選手訓練師
盃國際技美容交流藝競賽
組冠軍

2020年紋繡流行趨勢
立體仿真絲霧眉

IBC國際菁英講師
黃庭蓁

2021年
第九屆國際盃美容美髮大賽
THE 9TH INTERNATIONAL CUP BEAUTY COMPETITION
AND FASION DEMONSTRATION . 2021

黃庭蓁
老師

12 / 08 - 09

敬邀 擔任
國際紋繡評審

競賽地點：苗栗縣巨蛋體育館
主辦單位
社團法人中華民國美容美髮學術暨技術世界交流協會
社團法人台灣國際美容美髮學術技術交流協會
苗栗縣女子美容商業同業公會
IBC國際認證中心

經營者語錄

時代不停地進步，

一個技術優秀的美容創業者，仍要隨時懷抱

學習的熱情，不斷地投資、精進自己，

寧可時時從他人身上學習更多的經驗，

也不要因為自滿而成為一名失敗者。

芭比美學坊
BABI JEN

店家地址
高雄市仁武區八德一路 102 巷 2-10 號

聯絡電話
0906 106 221

Facebook
芭比美學坊 / 芭比美睫紋繡學苑 / 高雄市仁武區

官方網站
babi0616.com

I·SPA

保養外在，也療癒心靈深處的質感美睫、護膚體驗

現代上班族生活忙碌精采、工作壓力繁重，每到難得的休假日，從事有興趣的休閒活動，與家人朋友們相聚共度悠閒時光之餘，享受個人的舒壓、放鬆身心更是許多現代女性假期間的例行公事。

藏身於隱密的私人居所，I·SPA 為新北市三重區當地擁有穩定客流量的美睫、護膚工作室，不依靠大量的廣告行銷，憑藉著對顧客的知心相待以及質感絕佳的美睫、護膚體驗，培養了一群最忠實的客戶，而他們之所以將 I·SPA 視為呵護身心的首選，主要在於 I·SPA 不僅保養了他們的外在，更像「樹洞」般療癒了其內心深處。

累積經驗、把握機會，慢慢走向創業之路

「我覺得人生很神奇，常常會給我們不同的機會跟挑戰，而一切就是這麼恰巧剛好！」I·SPA 工作室創辦人 Yunica 邵回憶起創業過程時說道。2010 年踏入美容產業的她，在百貨公司的香氛專櫃工作，依靠著自身的努力，一路從小品牌走入大品牌，也因此開始接觸護膚、美容及美體等服務項目。「當時我待的香氛保養品牌專櫃，他們有結合幫客人做臉跟做身體的服務，因為我本身對這一塊也蠻有興趣，所以在專櫃工作時，正式跨入美容跟美體這個領域。」

專櫃的收入頗為豐裕穩定，邵和許多專櫃人員一樣，未曾想過要離職自行創業，只是在工作期間與客人互動的過程中，發現了美睫開始在愛美女性之間風行起來，成為當年十分新穎的流行趨勢，因而萌生學習新的一技之長，並且多賺取一份收入的想法。邵回憶道：「我記得那是 2014 年，接睫毛蠻盛行的，來逛街、做臉的客人很多都有接睫毛，可能兩三個裡面就有一個接了睫毛，多聊一點之後我發現這是一個新的流行趨勢；雖然我在專櫃工作的收入還不錯，但每個月都要給家用，所以心裡就想著，好像可以多學個一技之長來增加我額外的收入，這樣就能把貼補家用的那一份賺回來。」

在「斜槓」一詞尚未盛行的時候，邵一邊在香氛專櫃工作，一邊找朋友練習美睫嫁接，就這樣慢慢地「斜槓」了起來。「我利用休假日報名了初階美睫班，平時就會問朋友能不能當我的麻豆、讓我練習接睫毛，加上當時的老師會跟我們說練習不要收費，純粹練習就好了，可是練習也有所謂的耗材跟成本，於是我開始問朋友他們會不會想順便清粉刺……」一切如此順理成章地，邵運用自己的美容專長，透過幫麻豆朋友們清粉刺所賺來的費用，補足了美睫練習過程中的耗材成本。

圖｜Ｉ・ＳＰＡ 名字取自創辦人邵所喜愛的大象之英文「Elephant」諧音，亦有「愛 SPA」之意

不過，對此時的邵來說，練習只是練習，「創業」一詞尚未走入她的視線裡，僅是朋友之間會幫忙介紹，邵提供到府的美容美睫服務，賺取額外收入貼補家用。聊起到府服務，邵表示，「一般都是到客人的家裡接睫毛或做臉，客人如果沒有場地，我就會把客人帶回自己家，所以我的家人經常看我帶陌生人回家。只是到後來，客戶越來越多，客源也越來越廣，從原來的『朋友的朋友』開始變成不認識的客人，帶回家裡、躺在自己的床上漸漸地有種說不上來的彆扭。」這時的邵才頓悟，開工作室的時候到了！

　　「就這樣接案一年多，腦海裡開始有了『如果能有個獨立空間該有多好……』的想法，剛好我們家隔壁有位住了很久的鄰居要搬家，我就跟家人說現在有穩定的客源，把鄰居那間租下來當工作室會不會比較好，家人都表示支持。而當時我還是有一份全職的專櫃工作，只是想把美睫結合美容當成一個斜槓的副業。」邵分享。

　　而人生的奇妙就在於，不論是挑戰還是機遇，總會一個接著一個來，「工作室籌備完成的那一年，原本就跟我們同住的奶奶被醫生宣告罹患癌症，後來開始擴散時醫生說只剩下不到三個月的時間，我們原本打算請外傭照顧，但奶奶過去的身體狀態良好，以她的條件聘請外傭需要點時間，流程跑起來大概也是三個月。」那時候，奶奶住進了加護病房，擔心奶奶的邵早已無法以最佳狀態上班和工作，於是她決定離職回家、專心照顧奶奶，陪伴這位親近的家人走完她人生的最後一段旅程。

　　奶奶在邵和家人們細心照料的三個月後安然離開人世，而幾個月前已從專櫃工作離職的邵，此刻手中所握有的是過去因為興趣和勤奮，而培養起來的美容美睫專業。「奶奶過世之後，我才開始把工作室當作全職在經營。」邵與I‧SPA的故事，從此正式展開。

圖｜在專櫃的斜槓期間，邵總是不畏艱苦，拎著小紅箱提供到府的美容美睫服務

成為「樹洞」，真心服務每位有緣人

只要問起創業人士在創業路上所遇到的困難，大多數人會一一列舉，細數經歷過的挑戰和起承轉合，然而，邵沒有太多相關的事情可以談論，並非她未曾遇過難事，而是所有難事到了她的面前，她皆未將其視為困難，而是當成挑戰。「我明白創業這條路本來就會遇到很多問題，而我是個喜歡解決問題的人，所以只要一遇到問題，我就會馬上去解決它；如果沒辦法解決，我就會調整我的心態。」

邵舉例，過去把美睫結合美容當做副業經營時，共有兩份收入，自從把全職工作辭去以後，便只剩下兼職斜槓這一份，但她並不氣餒，而是將自己的心態調整好，開始為自己的新事業設立目標，例如：一天要做幾個客人；如果沒有顧客上門，就自己主動找、主動問，讓朋友擔任模特兒並請他們在社群轉發分享，生意便也慢慢地建立了起來。

不過，邵做的不只是美睫、護膚這些外在保養的生意，在服務顧客的過程裡，她開始收到客人們的正面回饋，發現自己工作風格的獨到之處。邵感動地說：「好幾次，在幫客人護膚時，客人會直接跟我說『我真的很喜歡跟你聊天，每次聊完，心情都很放鬆又舒壓！』」由於不只一位客人這麼說，邵才知道原來她不只幫來到 I‧SPA的客人做美睫和護膚，她也成為了繁忙社會裡芸芸眾生那既陌生又熟悉的「樹洞」，傾聽客人們的生活、工作與內心事，宛如一位知心朋友般和客人分享經驗並給予建議。「這個事業我算是從身邊的朋友開始做起，所以和客人的相處方式就像朋友般，有時候我會想我的工作室是不是有什麼『魔力』，因為客人經常跟我在工作室聊心事，有時還會一起聊到哭……」邵笑著說。

友誼會發酵，正能量也會傳染，I‧SPA 工作室裡有邵數不清的美好回憶和暖心故事。「我本身很喜歡大象，因此把 I‧SPA 的 logo 設計成大象的圖案，工作室裡也擺放了很多大象的擺飾，有些客人知道我喜歡大象，所以他們看到可愛的大象週邊，還會帶來跟我分享；也常有貼心的客人，怕我忙到沒時間吃飯，還買飲料或點心給我，能夠遇見他們，我真的很感激！」邵的事業不僅為她帶來穩定的客流量與收入，更讓她有機會和客人一同療癒彼此的內心深處，工作及人生的意義因此得以昇華。

　　然而，深受顧客信任和喜愛的邵並未因此完全沉浸在這份喜悅中，邵解釋：「不論是工作還是創業，都要學會被討厭。因為今天即使自己做得再好，有很多人喜歡你，但也一定會有不喜歡你的人，剛開始當然很容易被負面的評論影響，後來我就學到，只要相信自己在做對的事情，盡力就好了。」對於客人所給予的負面意見，邵表示，「面對客人的糾正和建議，甚至是衝擊時，要當作是一種反省跟學習的機會，並且珍惜它，因為不是每個人都會花時間來跟你說，所以不要害怕被討厭、被糾正。」

　　與其花時間讓所有人都喜歡自己，邵更偏向把精神與心力放在提供熟客優質的美睫、護膚服務上。「外面的削價競爭非常激烈，消費者也都會受到價格的影響，我曾因此陷入了要爭取質還是量的掙扎中，後來我選擇了質。因為客人是否會留下來，我覺得都是緣分，所以我盡力把新客服務成熟客，並讓熟客隨著我的精進而更加喜歡來到I・SPA。」

圖｜I・SPA 工作室彷彿有魔力，讓顧客「又哭又笑」，享受特別的美睫、護膚體驗之餘，抒發生活各個面向的心情和壓力

美睫樣式多變，顧客喜好才是重點

　　市面上，美睫嫁接的款式變化多端，顧客的偏好與選擇也不盡相同，入行美睫將近十年的邵分析：「以美睫市場來說，早期的日式比較崇尚 3D 嫁接，也就是一根接一根，很多日本人他們喜歡這樣簡單、乾淨、自然的風格，看起來很清新；而韓式崇尚的就是一根接多根這種多層次、有妝感的風格，我們稱它為 6D 嫁接。」

　　打開 I‧SPA 的價目表，邵也以同樣的概念來命名美睫嫁接的服務項目，例如：「日式單根無感嫁接」以及「韓式多層次嫁接」，顧客也能從價目表上對款式和收費方式一目瞭然。其中，日式單根無感嫁接擁有多達六種款式，分別為：輕柔羽漾、膠原蠶絲、嬰兒直毛、黑鑽天使、絲柔扁毛、羽絨星鑽；韓式多層次嫁接則有五種款式，分別為：輕盈萌眼、花漾牡丹、極緻絲柔、9D 多層次和布朗尼可可。擁有這麼多款式，邵表示，「時代會改變，人的審美也不斷跟著變化，而美睫一直都是跟著化妝的趨勢在走，像以前大家比較喜歡韓式一根接多根，看起來濃密而有妝感的感覺，現在比較偏向日式一根接一根，簡約而自然的風格。」

圖｜邵受邀至中國上海和廣州參加國際美展，並在現場進行美睫嫁接之示範

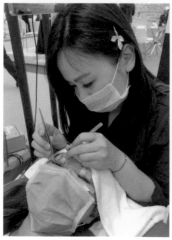
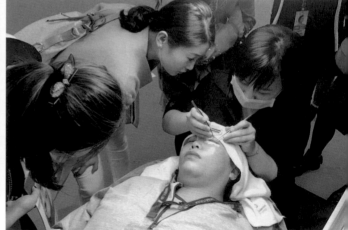

然而，不論美睫的款式如何變化，顧客的審美如何改變，對邵來說，不變的只有一個道理，那就是尊重顧客的喜好。「我不會把自己的喜好灌輸在客人身上，我只會按照客人自己的選擇跟需求，去推薦適合的款式，藉著看範例，讓客人知道接出來是什麼效果。這點蠻重要的，因為每一位客人的生活環境跟工作型態都不一樣，如果美睫師按照自己的喜好去接，接出來的樣子客人不一定能接受，那這樣接睫毛的意義就本末倒置了。」從美睫的嫁接前到嫁接後，邵必定提醒美睫的保養須知和關心後續的睫毛維持及舒適感，重視與顧客做完整而有效的溝通，幫客人在小細節做好把關，如此綻放出的美麗更是出色。

　　邵回想從學習美睫嫁接，到成為講師的這一路上，最需要特別感謝的是自己的高階美睫老師Maggie，因為美睫的技術和產品會不斷推陳出新，待在個人工作室眼界難免受到侷限，是 Maggie 老師讓邵有機會走出自己的工作室，到世界不同的角落去看一看。「我的高階美睫老師長年居住在中國，主要工作是推廣台灣黑膠品牌的產品和技術，很幸運地能在她回台灣時與她相識，透過老師的引薦，我開始有機會到廣州、上海的美博展去參觀及展演，獲得最新的美睫產品和技術等資訊，也因此有機會被推薦到中國和泰國等地從事美睫的教學。」

圖｜因高階美睫老師的青睞及信任，邵經常受老師引薦至中國和泰國等地進行美睫教學，由上至下分別是：中國深圳美睫創業班教學、泰國美睫創業班教學

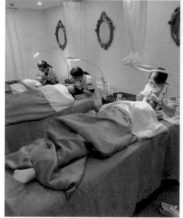

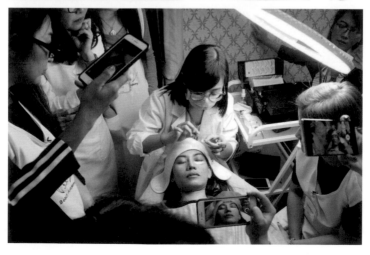

邵能夠獲得這樣的機會，並非是她的運氣比別人好，事實上，她比任何人都還要努力。「那時候剛學會高階美睫，我只要一有時間就找朋友練習接睫毛，每次練習完我就會拍照，儲存在 line 聊天的相簿裡面給老師看；但 line 的相簿最多只能儲存一百個，結果我很快就存滿不夠放了！老師知道我很認真，就這樣開始帶著我到中國、泰國去參觀及教學。」或許，「天助自助者，自助人恆助之」這句話，在邵的身上已有所應驗。

來到 I‧SPA 的顧客，不僅能在日韓等多變的款式中做選擇，還有一位願意聆聽顧客、技術純熟且走南闖北、見多識廣的美睫師邵來服務，在這裡體驗質感卓越的美睫嫁接成果。

圖｜顧客的喜好一直是邵最關切的重點，圖為 I‧SPA 美睫嫁接之成品照

不斷進化的專業護膚課程

除了日韓美睫嫁接，當初在專櫃所學的美容護膚專業，邵一併將它們帶入 I · SPA 工作室當中。「過去推出的護膚課程較簡單，從卸妝、洗臉、去角質、蒸臉、清粉刺、按摩到敷臉這樣的基礎流程，現在有了『進化版』的護膚課程，也就是針對各種肌膚特質，例如：油性、乾性、混合性、敏感性跟術後肌膚，我們有不同功效的產品以及合適的護膚方式，在價目表上寫得非常清楚，這樣既不需要花太多時間介紹，客人一看也會知道自己該怎麼選擇。」

I · SPA 的專業護膚課程共有五種護理方式，分別有：經絡疏通刮療釋壓護理、淨膚抗痘專業煥顏護理、皇家御藏黃金膠原護理、液態微秒賦活靚白護理和花果酵素光亮逆齡護理，每種課程約 60 至 90 分鐘，其中，最受顧客青睞的則是淨膚抗痘專業煥顏護理中邵最擅長的純手工輕挑粉刺，邵表示，「客人大部分都是為了我清粉刺的技術而來，他們都覺得我清粉刺很溫柔、不會痛。」

擁有這樣的自信是因為在專櫃工作幫顧客美容護膚時，邵已經下足功夫做研究，找出了一套無痛清粉刺的方法，邵解釋：「在專櫃工作時，我們學的清粉刺並不是無痛，只是因為我遇到一位來店裡清粉刺的妹妹，她當時滿臉痘痘，媽媽會固定每個月帶她來清理，結果我發現有段時間她好像不常出現，大概每兩三個月才來一次，有次她來店裡時我問她怎麼相隔這麼久才來，她說因為清粉刺很痛……」打開耳朵，邵聽見了客人的感受及需求，便私下反思「為何客人要花錢找罪受？」於是，邵潛心鑽研清粉刺的技術，希望能夠找出一套不會痛的清粉刺方法，造福有痘痘的客人不再花錢受罪。

透過不同的角度和手勢，嘗試多次之後，邵真的找出了無痛清粉刺的方法，日後也在某次報名無痛清粉刺的進修班時，從老師在課堂上的教學，得到了自己清粉刺的方式是正確的驗證。「無痛清粉刺最早我是自學的，我只是在自己有限的認知跟能力範圍內，盡量把它無痛地清出來，所以我去報名上課，希望可以得到更專業的指導，沒想到那位老師教的跟我自己研究出來的方法一樣。」語氣透露出驚喜，邵說明每回自己只要有時間，就會報名有興趣的護膚課程，一方面精進自己的美容知識和技術，另一方面，若在課堂中學習到自己原本就有所掌握的技巧，則能讓自己感到放心，也提升自信心。

I‧SPA 的專業護膚課程之所以能夠不斷地進化，從 1.0 跨越到 2.0，未來甚至可能會有 3.0 與 4.0，都是源自於邵對自己的嚴格要求和持續精進，因為唯有如此，才能為 I‧SPA 的顧客帶來嶄新的護膚服務及更美好的體驗。

圖｜邵為客人進行護膚時所使用的產品和工具

越努力越幸運的成長哲學

踏入美容業至今十餘年，邵一路走來的經歷及成長是許多美業工作者的典範，邵也大方分享她在學習與創業過程中所運用的心法與哲學。

當年，還在專櫃全職工作的邵，因為看見了全新的機會以及有興趣，而投入了美睫嫁接的學習，隨後開設個人工作室，並在離職後專心創業；每一個階段，都讓人看見了邵義無反顧的勇氣，而這一切，都得歸功於她的好心態。「不論做任何決定，都要有自信，不要怕失敗，我自己的想法是：失敗了我大不了回專櫃工作，但在允許自己失敗以前，要勇敢地面對問題，想辦法找出解決的方針，過程中也要適時反省自己，遇到這件事情是因為什麼原因？除了抱怨，我還能怎麼做？每一個解決問題的過程，其實都是在學習。」

創業的過程裡，會有許多迎面而來的挫折及挑戰，邵表示，穩健的心態和信念，幫助她一一擊破困難，「開業的過程中其實很容易被一連串的挫折擊垮，每一個小挫折都有可能會動搖自己的決心，所以我認為心態跟信念很重要，這兩個東西如果正確了，就可以幫助你一直往前走。」直至今日，邵依然奮力向前。然而，所謂的向前，並非像無頭蒼蠅般遊蕩，對此邵給予一個非常實用的建議：「學習跟工作都要設定目標，不盲目效仿，也不亂衝亂撞，只要朝著自己已立下的目標方向穩穩地前進即可，有時間跟心力就去上課，我相信在課堂上一定會有所收穫。」

而隨著一切運作起來，創業者的經營和溝通能力尤為重要，「當一切開始營運起來，身為一位經營者，你必須要有老闆的眼界和心態，也要有員工的謙和與努力。」身在美容產業，跟顧客的溝通更是不可少，訓練自己的溝通能力是基本而必要的，要練就優秀的溝通能力，則必須先打開自己的耳朵，「靜下心來聆聽，才能聽見客人真實的需求，並且站在客人的立場，與他們有效溝通。」邵認為，溝通的過程裡會聽取到各種不同的建議，未必每一項都必須完全接受，但虔心聆聽客人給予的建議，確實可以了解到自己哪個部分出了問題，自己哪裡尚有不足之處，邵接著說，「人家願意告訴你，是一件值得感恩的事情。」

　　說起感恩，邵由衷感謝過去提供自己練習機會的朋友，和至今依然支持著 I‧SPA 的客人，因為這條創業之路，是由朋友和客人所給予的機會，以及邵自己一點一滴所付出的努力，慢慢地積累而成的。從踏入專櫃接觸美容產業、學習美睫嫁接到遠赴海外教學，邵依然謙卑地說：「即使已經在這條路上多年，累積了豐富的經驗，面對新手時也不要把自己當成前輩，把自己歸零、變成一張白紙般跟新進互相交流是最好的。」當問及邵為何有這樣寬廣的心態，邵則說：「因為每一個人必定有所長，都是值得我們去學習的對象。」

　　若要把邵的經驗談整理成一句簡而有力的話，那就是她自己的座右銘：越努力，越幸運。邵將這句座右銘貫徹在所邁出的每一步，並且一一實踐。「自己也許沒天分，但我可以是最努力的其中之一。」邵溫和地說。

圖｜
I‧SPA 之護膚成果照，由左至右分別為：護膚課程操作實拍、鼻子黑頭粉刺清除以及眼下粟粒腫清除

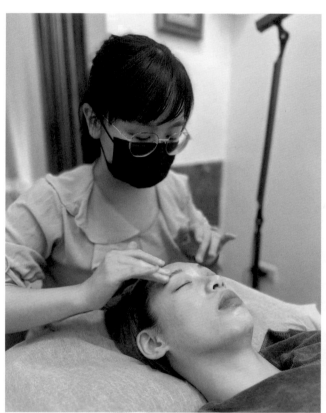

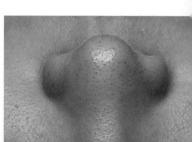

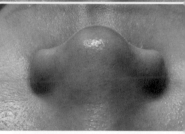

經營者語錄

創業沒有真正的成功，
也沒有真正的失敗；
勇敢地跨出自己的步伐
已是一種成功，
而努力前進的過程中
所遇到的挫折跟困境，
都將成為往後日子裡的養分。

I · SPA

Line
@200xaaaj

Facebook
I · SPA

Instagram
@ispa_2015

朵希生活美學

用美力呵護
私密幸福，
用溫柔守護
胸前健康

早在兩萬五千年前的舊石器時代，人類為了生存的便利，已開始使用各種鋒利的石頭和貝殼刮除身上的毛髮；隨後，在距今五千年前的古埃及時代，由於不潔被視為對神明的大不敬，便發展出一套屬於自己的審美觀念，崇尚全身光滑的美和潔淨，古埃及人因而成為人類歷史上蜜蠟除毛的始祖；而源自於蜜蠟，盛行於今日的熱蠟除毛，更是所有愛美女性定期進行的例行「私」事。

在台中，即有一家完美掌握熱蠟除毛知識與技術的專業工作室「朵希生活美學」，在經過多國多次的考察和交流後，將這項美的學問帶回台灣，傳遞給無數的美麗男女；如今，朵希生活美學不僅用美的力量呵護兩性的私密處，更要用溫柔來守護女性的胸前健康。

探索新世界：從鬆餅到熱蠟除毛

　　談及創業，朵希生活美學創辦人 Wendy 輕聲細語地說：「我最早其實是想做鬆餅。」當時正在建設公司上班，主要做預售案的 Wendy，認為在上市櫃公司工作必須遵循一定的流程和規範，工作上較無法展現自己的想法，因此萌生創業的念頭。身為一位上班族，Wendy 熟知上班族有享用下午茶的習慣，於是思考鬆餅創業的可能性，因緣際會下前往荷蘭拜訪生活在當地的妹妹。來到荷蘭，Wendy 運用大家上班的時間，在當地的街頭走走逛逛，觀察當地的生活文化，也學習如何做鬆餅，「回來之後做給大家吃，結果他們都說很難吃。」深感無奈之下，Wendy 只能重新思考，問自己：「做不出好吃的鬆餅，那要創什麼業？」

　　或許真的所有好事都是最美好的安排，壞事則是帶著祝福的磨練，雖然遠赴荷蘭學習製作鬆餅，最後並沒有做出達到開業標準的美味鬆餅，但在歐洲旅行時與許多背包客交流的經歷，深深地影響著 Wendy，成為其創業想法上的一絲光芒。Wendy 熱忱地說道：「在跟很多和我一樣獨行的背包客交流時發現，歐洲人的浴室裡都會放刮鬍刀，他們不論男女都有除私密處、腋下跟腿部毛髮的習慣，我就思考是不是能做這個創業項目，就這樣開始接觸熱蠟除毛。」

　　在決定要以熱蠟除毛為創業項目後，Wendy 隻身前往中國上海、印度及東南亞國家做除毛體驗，身體力行的她，不僅深入各國了解除毛文化的背景和起源，也觀摩各地不同的除毛技術；於是，在一番考察和交流後，Wendy 融合自己旅途上的見聞與技術，成立了朵希生活美學。

圖｜朵希生活美學的故事是從創辦人 Wendy 的歐洲自助旅行開始，在旅程中發現東西方的文化差異，進而將美麗學問帶回台灣

然而，創業路上的一切並不簡單。2017 年，在熱蠟除毛尚未形成一種風氣的台灣，跟身邊的朋友分享這件事，Wendy 回憶著說：「大家都驚呆了！台灣女性聽到除毛普遍都會說……我又沒有毛，為什麼要除？私密處的毛髮除掉不是很怪嗎？大家對此都很抗拒，甚至認為是從事特殊工作的女性才需要除毛。」旅行多國，富有遠見的 Wendy 並不為此感到氣餒，她明白台灣人在「私密處」上的態度只是保守了點，在大多數歐美國家和中國、日本等亞洲國家已是一種生活習慣的除毛服務，有朝一日勢必會流行至台灣，並成為一種美的趨勢。

　　在過去，台灣的美容產業視除毛服務為產業中的附加項目，並非一個能夠獨立成主要項目的專業服務，甚至有許多美容師會抗拒直接面對客人的私密處，在得知 Wendy 要以熱蠟除毛作為主要的服務項目時，便有美容師前輩認為只做除毛不可能在產業裡存活下來，有主見的 Wendy 分享到這段產業歷史時，充滿信心地說：「在那當時我告訴自己，別人不想做的，我要把它做到最好，因為熱蠟除毛將會成為一個趨勢，這就是我們成功的機會。」

　　成功，總是眷顧那些具有遠見而願意付出行動的人，最後，時間證明了 Wendy 是對的。經過數年，熱蠟除毛果真在台灣風行起來，成為講究美感、衛生的女士及男士定期進行的私密護理；Wendy 此後便從當初的一人工作室，建立起專業團隊，並開始在工作室和大學進修推廣專班傳遞相關的知識和技術，朵希生活美學也從原本的熱蠟除毛，拓展出私密處保養、美胸、采耳和耳燭等多元的服務項目。

　　朵希生活美學涵蓋的每一項服務，都有 Wendy 頗為深刻的經驗談，不論是顧客或是未來創業者，都能在其中見識到她努力的痕跡。

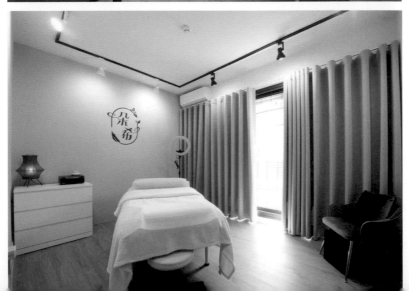

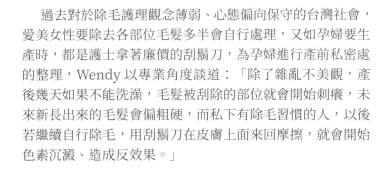

熱蠟除毛看似簡單，其實全是「眉角」

過去對於除毛護理觀念薄弱、心態偏向保守的台灣社會，愛美女性要除去各部位毛髮多半會自行處理，又如孕婦要生產時，都是護士拿著廉價的刮鬍刀，為孕婦進行產前私密處的整理，Wendy 以專業角度談道：「除了雜亂不美觀，產後幾天如果不能洗澡，毛髮被刮除的部位就會開始刺癢，未來新長出來的毛髮會偏粗硬，而私下有除毛習慣的人，以後若繼續自行除毛，用刮鬍刀在皮膚上面來回摩擦，就會開始色素沉澱、造成反效果。」

講到熱蠟除毛，多數人對它的認知與印象，多半來自於歐美電影中，少女們在細緻的腿部塗上蜜蠟，並在緊張的倒數聲中用力撕除，進而達到脫毛的效果。簡單來說，熱蠟是經過加熱後，以其溫熱性質塗抹於皮膚上，過程中透過熱蠟的溫度使皮膚毛孔擴張，利用蠟品「抓毛不抓皮膚」的特性，進而將毛髮溫和地連根拔起。

熱蠟除毛的流程看似簡單，好像誰都可以做，其實全都是「眉角」。Wendy 專業地說著，從蠟的加熱、塗抹、撕除到保養，「其實都是經驗與技術的累積，沒經驗的新手來操作，塗抹上可能厚薄不均，而且撕除時的速度、角度跟力道這三要素的掌握更是重要，看起來很簡單，但如果沒有良好的技術，不快、狠、準的話，客人就會因此受傷，而且除毛效果也不佳。」

正因為全是「眉角」，Wendy 講求從細微之處照顧每一位顧客。「為了避免斷毛和後續演變成毛囊炎的可能性，我們會在除毛後為顧客敷上私密處專用的面膜，並提供除毛後的衛教，細小的隱形傷口在一兩天後即可修復；而且為了有良好的品質和更穩定的供應，我們使用的是義大利進口的蠟，也有規劃出一系列產品，希望能夠提供給全台灣相關產業的店家，讓大家都有更完善的選擇。」

此外，許多人在進行熱蠟除毛前，都會考慮到一件事情，那就是「會不會痛？」，尤其是要進行私密處的除毛時，更是因此再三考慮，深怕承受不了除毛時的痛感。Wendy 笑談：「除毛當然會痛，外面標榜所謂『無痛除毛』那根本是騙人的，沒有不痛的，只有痛感程度上的差異而已。例如：我們的客人都會跟我們說『你們家跟坊間別家的比較起來，特別不痛耶！』意思其實就是，別家的痛感如果是一百分的話，那我們疼痛程度就只有人家的三十分。」

會痛是事實，用心的 Wendy 把服務流程中的每一個步驟都視為一項專業，並把每一項專業都練習至熟稔；以撕除這項步驟來看，Wendy 認為撕除的速度、角度和力道都很重要，當技術者能夠練習精熟，掌握其中要領，把痛感從一百分降低到三十分，對顧客來說就有極大的區別，這也會是客人日後再次選擇朵希生活美學的原因之一。

談到技術的精進，Wendy 解釋：「身為專業人士，要不斷地去練習你所掌握的技術，以熱蠟除毛為例，這是一種手感，當我們把手感練到極致，它就會變成一種本能的反應，所以我們能夠一邊熟練地工作，一邊跟客人聊天。」目前朵希生活美學提供的熱蠟除毛服務，包括女士除毛、男士除毛和孕婦除毛。

圖左｜除了女士及男士除毛，孕婦除毛亦是朵希生活美學主要的服務項目之一，讓媽咪們在衛生而安全的私密處整理下安心生產

圖右｜Wendy 擁有多年的經驗和技術，讓顧客無憂地享受最優質的熱蠟除毛體驗

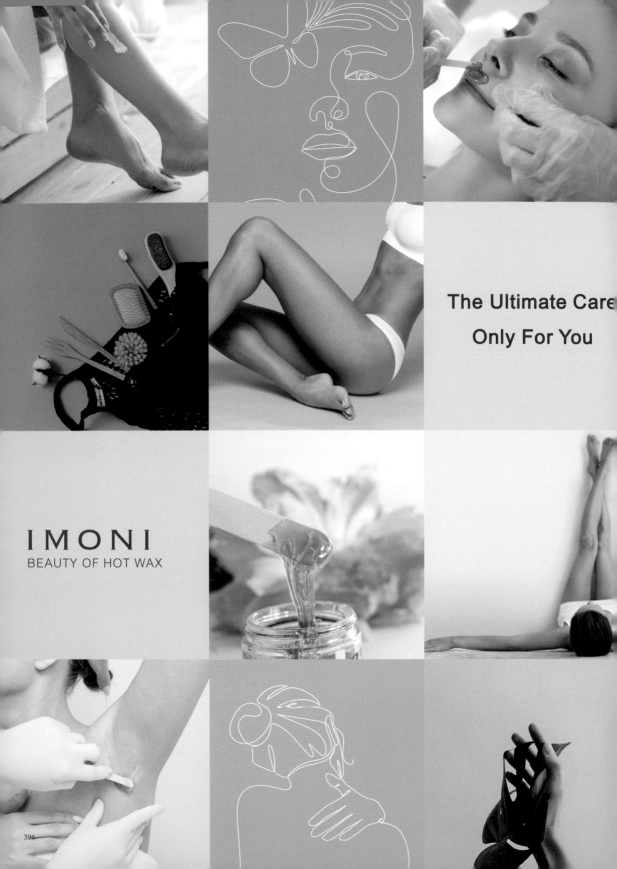

The Ultimate Care
Only For You

IMONI
BEAUTY OF HOT WAX

用正確的心態，
呵護私密處不再是害羞的事

基於社會層面的刻板印象與特定標籤，台灣男性對熱蠟除毛的接受度普遍較台灣女性來得低，不過，隨著時代和觀念的演進，現在亦有越來越多懂得愛護和保養自己的男性進行熱蠟除毛，Wendy 嚴謹地說明：「男性私密處的器官構造和女性的截然不同，處理過程會更加複雜些，所以男性熱蠟除毛的收費也會比女性除毛來得高。」

在為男性顧客除毛時，如不小心產生生理反應，Wendy 表示，「那也是正常的事情，我們應該要用專業的角度去思考，接下來要怎麼處理、要怎麼幫助這位客人，好讓除毛服務能夠順利進行？」專業的技術者會提供顧客清理的衛生用品，並給予客人適當的緩和時間，待客人身心狀態都恢復後再繼續原本的工作即可。只要抱持正確的心態，與私密處有關的一切便不再是一件讓人感到害羞的事情。

除了私密處的除毛和保養等護理項目之外，朵希生活美學也提供私密保養按摩。當今亞洲社會對私密保養按摩的接受程度依然低於歐美社會，Wendy 沉穩地說：「按完以後會發現下半身是輕飄飄的，連走路都會感到輕盈舒服。亞洲女性對這部分的態度依然是保守的，但它其實是整合多國專家知識和經驗而來的技術，客觀來看，私密處就是女性身體的一部分，這是很正常和健康的事情，跟客人的觀念以及心態有很大的關聯性。」

朵希生活美學所提供的私密保養按摩，是運用歐美私密處按摩手法，結合印度阿育吠陀療法，以輕撫及按壓穴道的方式，為喜愛呵護自己的年輕女性、產後孕婦和高齡性生活不協調的女性提供此項服務，達到舒壓、放鬆的目標和效果，進而改善兩性關係，提升女性的自信心，使其身心都能維持於健康而平衡的狀態。

響應粉色十月，由外向內守護乳房健康

隨著私密處的保養意識日漸升起，Wendy 認為人們難以啟齒的「三點」都應該受到良好的呵護，因此，朵希生活美學也提供美胸按摩保健的服務，從乳房保健、美胸豐挺、乳腺疏通到產後塑型，為一般女性、產前孕婦、泌乳媽媽、乳癌重建患者和隆乳者進行胸前保養，進而達到氣血循環暢通並有效疏通排毒。

Wendy 以孕婦產前與產後的例子說明美胸按摩的重要性，「孕婦懷孕時胸部會變大約兩個 cup，在這個過程中乳房會變硬，我們能幫助孕婦的就是產前乳腺的舒緩保養，讓她去生產時能夠避免塞奶及乳腺炎『石頭奶』的狀況；而通常在坐月子期間，媽媽產後的第一件事情就是哺乳，有許多不重視這部分的產後媽媽，就會開始塞奶，很硬又很痛，有的還會發燒，甚至寶寶吸出了有血的『草莓奶』，這表示媽媽的乳腺已經堵塞到發炎了；那坐完月子後回到家哺乳，媽媽們因為要照顧寶寶，又會很容易忽略胸部的保養，所以很多產後的媽媽胸部會萎縮、下垂和鬆弛，變成所謂的『布袋奶』，這時候可以在黃金六個月內做產後的胸部塑形，不然之後只能依靠整形手術來解決這些問題。」Wendy 道出的，是許多孕婦和泌乳媽媽會面臨到的現實狀況。

圖｜全台業界多位專業頂尖的美胸講師，一起登上合歡山主峰，攜手防治乳癌

圖左下｜由左至右為靜澄老師、盈君老師、Wendy、郁玫老師。郁玫老師及靜澄老師為 Wendy 在麗諾生化科技公司學習美胸課程時的啟蒙老師

按年紀來看，Wendy 表示年輕女性尋求美胸按摩的服務，主要是為了舒壓和豐胸，「不論年齡，女性更應該重視的是乳房的健康。」所謂的重視乳房健康，即是要從平常生活中就培養一種「病識感」，要以疾病可能會找上自己的心態來保健和防範它，「不然大部分人都是因為家族中親友或者社會名人有類似疾病出現時，才會去注重這些問題。」

　　1991 年 10 月，亞斯蘭黛集團資深副總裁伊芙琳‧蘭黛和美國《自我》雜誌主編彭尼女士共同首創，以配戴粉紅絲帶為標誌，宣導全球性的乳癌防治運動；此後，粉紅絲帶便成為全球乳腺癌防治運動的標誌，每年 10 月則是全球 47 個國家共同響應的世界乳癌防治月。Wendy 建議，「每位女性一年一定要做一次乳房的檢查和保養，我們也持續在推動這樣的觀念。」守護女生們的胸前健康，已是朵希生活美學的使命之一。

　　所謂的使命，對於 Wendy 來說並非只是個口號，2022 年 9 月 19 日朵希生活美學舉辦「全台頂尖美胸師登峰活動」，和業界多位專業頂尖的美胸講師一起登上合歡山主峰，響應每年 10 月的「世界乳癌防治月」，透過登山活動宣導女性乳房健康的重要性。Wendy 表示：「乳癌在目前全世界女性的罹癌風險中排行第一名，它並不是那麼容易被發現，所以我們希望藉著舉辦這個活動，讓女性意識並重視自己的乳房健康。」

　　除了美胸按摩保健的服務，將這樣的保健知識傳遞出去更是重要，Wendy 便曾受邀前往國泰人壽舉辦的乳癌防治講座，宣導預防乳癌的重要性，並教導在場女性職員如何做自我檢查。

IMONI 美學培訓學院，
傳承最專業的知識技能

　　擁有好的技術與好的服務還不夠，Wendy 對於兩者的傳承更是重視，為了把最好的知識、技術和服務傳遞給更多有心學習及創業的學員，Wendy 特地開辦了「IMONI 美學培訓學院」，從熱蠟除毛、私密呵護、美胸保養到創業培訓，透過線上一對一，現場一對一、小班制與團體班，向學員提供最扎實的專業教學，而在輔英科技大學的熱蠟除毛團體班以及嘉南藥理大學的美胸保健團體班，皆受到學員和校方的一致好評。

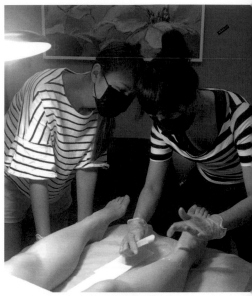

　　近年來由於消費者對私密護理的觀念逐漸改變，心態上也漸趨成熟與開放，大眾對熱蠟除毛的需求大幅提升，「以前我們要自己去宣導跟廣告，現在大家都會自己來預約做除毛。」市場上有需求，也就有供給，越來越多人想做熱蠟除毛，想學習熱蠟除毛這項技術的新手族群也如雨後春筍般地出現，IMONI 熱蠟除毛教學班積極教授學員熱蠟基礎理論及各部位的手法技術，以學科、術科並進的方式，從除毛歷史演進、皮膚學與毛髮學、軟硬蠟之特質到各部位的示範解析，讓有心想以熱蠟除毛為創業項目的新手，能夠跟著課程逐漸掌握新的一技之長。

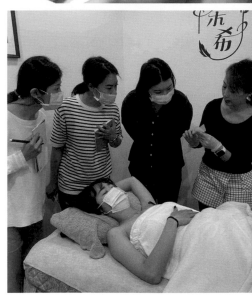

圖｜一對一教學、小班制及團體班學員，
認真向 Wendy 老師學習熱蠟除毛

圖上｜輔英科技大學進修推廣部「全方位熱蠟美肌除毛師」創業培訓課程
圖左下｜特別感謝進修推廣部楊雅晴老師邀請教授熱蠟除毛培訓課程
圖右下｜iCAP 職能導向課程專業教室揭牌典禮暨泌乳指導員 110 年學員大會

「我們也有開設『孕婦除毛教學』的課程，培養熱蠟師針對特殊情況的學習與因應。」Wendy 接著說，「我認為專業技能不僅要從學科上持續去學習，也要從術科方面不斷地精進，所以我們上課的內容會一直更新，學生每次都會回饋說他們又學到了新的東西，而且他們也能夠把新舊知識融會貫通。」從 Wendy 的語氣中，可聽見她對培訓班的自信與對學員的驕傲。

而在美胸保養教學班裡，Wendy 不只讓學員認識到正確的美胸知識，也引導學員開創自己的事業，把同樣的關懷理念推廣給更多女性，Wendy 認真說道：「教學我們會特別邀請也跟我們學過美胸知識的學生擔任模特兒，這樣她才能夠正確地回饋給正在學習的學生，有沒有按到點、按到位，而不是隨便找一個人練習。」在各種專業領域中，開班教學與培訓被視為一項目標和成就，但對 Wendy 來說，這是一個全新的起點，創造出更正向、有利於社會環境及大眾健康的美業生態。

圖左｜美胸保健視訊課程教學
圖右｜IMONI 美學培訓學院講師交流研討會

一人陌生開發到團隊的管理與經營

回想這些年，從一人陌生開發到如今建立起專業團隊，Wendy 談到一切有多麼地不容易，而就是這一路上的困難與挑戰，讓她的事業越加茁壯，也慢慢地摸索出所謂的經營心法。

在最初熱蠟除毛尚未形成一種風氣、生活習慣的時候，Wendy 只能從自己身邊找願意體驗的朋友來練習並精進自己的技術；後來為了進行陌生開發，便找了一家法國人開的甜點店談起異業合作，以閨蜜兩人同行做私密處除毛，可獲得一份免費下午茶的方式，開拓自己的客源，「這樣他們的客人可以吃甜點也可以除毛，我們也找到了更多的客人來服務。」

在合作和開發上，Wendy 十分有自己的想法，談起過去與大遠百、中友百貨和廣三 Sogo 的百貨保養品牌配合業務合作的經驗，Wendy 說明：「品牌找我們為他們的顧客做熱蠟除毛服務，是基於信任我的專業能力，同為美容產業，我會從職業道德的角度出發，向合作對象誠懇表明僅在百貨店內服務客人，不會引薦客人到我自己店裡。」之所以有如此的想法，是因為 Wendy 認為在任何產業內，信任都是最難得可貴的一件事，若為己利而造成對方利益上的損失，只會喪失更多未來潛在的合作機會。

隨著朵希生活美學逐漸成長，Wendy 從原來的「一人團隊」，到現在於除毛、美胸和采耳領域各有其分工的專業團隊及講師，說起團隊的建立，Wendy 也是一邊打造理想團隊、一邊學習如何管理。經過幾回經驗，Wendy 也逐漸歸納出自己的團隊管理心法：「老實說，『人情』在管理層面上其實是不利的。」隨著團隊逐漸茁壯，讓工作歸工作、感情歸感情，是 Wendy 在建立團隊的道路上，學習到的寶貴一課。

　　談到團隊的管理和品牌的經營，基督教的信仰對 Wendy 來說是個非常重要的支柱，「運用主的教導，讓大家在工作上的判斷跟選擇都能更為明智，而當彼此意見相左時，我也會用主的教導去進行管理，不會罵員工，而是用引導、有智慧的方式去解決我們面臨的問題，我覺得這是我在經營管理上學習到、獲益最多的地方。」

　　不單有信仰的支持，Wendy 更為朵希生活美學的夥伴們使用了 1999 年由英特爾前執行長安迪・葛洛夫所提出的「目標與關鍵成果」OKR 理論，透過目標（Objectives）搭配關鍵成果（Key Results），讓團隊了解目標和執行的方法，適時地與員工溝通、討論，使員工能夠依照明確的方向，專注在各自的工作項目上，進而持續成長。Wendy 期盼地說：「我非常注重員工的教育訓練，因為能夠讓員工不斷進修和培養健康、積極的心態非常重要，也希望我們能夠成為一個對員工的職涯，甚至是生涯的身心靈都有所幫助的幸福企業。」

　　「從現在開始，成為一位幸福的女人吧！」Wendy 在訪談的最後，語帶堅韌和自信地說著。

圖｜Wendy 老師學識與技術兼優的授課，將美胸保健傳遞給這個美麗世界的幸福人兒

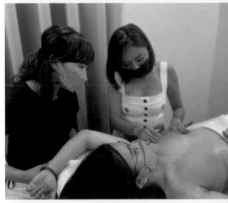

経営者語錄

好事是最美好的安排，
壞事是帶著祝福的磨練。

朵希生活美學

店家地址
台中市西屯區河南路一段 130-1 號

聯絡電話
04 2316 1349

官方網站
https://www.dothy.com.tw

Facebook
朵希熱蠟美學 — 台中 / 熱蠟除毛 / 美胸 / 采耳 / 教學

Instagram
@dothy_waxing

國家圖書館出版品預行編目資料 : (CIP)

全台 20 大美容美體 SPA 館 / 以利文化作.
-- 初版 . -- 臺中市 : 以利文化出版有限公司 , 2022.12
    面； 公分
ISBN 978-626-95880-3-9(精裝)

1.CST: 美容業 2.CST: 創業

489.12   111018036

全台 20 大美容美體 SPA 館

作　　者 ／以利文化
企劃總監 ／呂國正
編　　輯 ／呂悅靈
撰　　文 ／江芳吟、吳欣芳、張荔媛
校　　對 ／王麗美、陳瀅瀅
排版設計 ／洪千彗
出　　版 ／以利文化出版有限公司
地　　址 ／台中市北屯區祥順五街 46 號
電　　話 ／ 04 3609 8587
製版印刷 ／基盛印刷事業股份有限公司
經　　銷 ／白象文化事業有限公司
地　　址 ／台中市東區和平街 228 巷 44 號
電　　話 ／ 04 2220 8589
出版日期 ／ 2022 年 12 月
版　　次 ／初版
定　　價 ／新臺幣 700 元
Ｉ Ｓ Ｂ Ｎ ／ 978-626-95880-3-9(精裝)